MÉMOIRE
SUR
LE SAFRAN.

MÉMOIRE

SUR

LE SAFRAN.

PAR M. DE LA TAILLE DES ESSARTS,
*Chevalier de l'Ordre Royal & Militaire de
Saint Louis, Membre de la Société Royale
d'Agriculture d'Orléans.*

A ORLÉANS,

Chez COURET DE VILLENEUVE, Imprimeur
du Roi & de la Société Royale d'Agriculture.

M. DCC. LXVI.
AVEC PRIVILÉGE DU ROI.

AVERTISSEMENT.

LA richeſſe la plus certaine d'un Etat, eſt celle qu'il tire de l'exportation de ſon ſuperflu, & par conſéquent de ſon induſtrie à multiplier ſur ſes propres fonds, les moyens les plus avantageux pour augmenter le commerce extérieur. En partant de ce principe, que nous ne ſçaurions trop répéter, combien le Gouvernement ne doit-il pas favoriſer la culture du Safran dans une des Provinces * de cette Généralité, où la nature ſemble avoir compoſé avec un ſoin tout particulier, le ſol néceſſaire &

* Le Gâtinois.

convenable à cette utile plante ?

Le terrein, où elle se·plaît, n'eſt point propre aux meilleurs grains ; il convient peu à la vigne : ſa culture occupe bien des bras, & ſon débit ne ſe fait preſque qu'aux dépens de l'Etranger.

Qu'on ne s'imagine cependant pas que le profit à faire ſur des terres en Safran, ſoit conſidérable & ſûr. Il y a peu de plantes, que l'on cultive, qui ſoient ſujettes à autant d'événemens, & qui demandent autant d'attention & de frais. Il n'y a même de véritables profits que pour ceux qui la cultivent eux-mêmes : plus il y a de Safran, plus les frais ſont conſidérables, & moins il ſe vend;

c'eſt ce qu'il eſt néceſſaire d'ob-
ſerver pour bien des raiſons.

Je ne prétends point préſenter
ici un Traité complet ſur le Safran ; & quoique les Botaniſtes
en comptent juſqu'à quarante-
ſix eſpeces, je ne parlerai que
de celui que l'on cultive dans
la Beauce & dans le Gâtinois,
le ſeul en uſage dans le commerce. J'éviterai, autant qu'il me ſera
poſſible, le langage des Botaniſtes, pour me faire mieux enten-
dre du commun des Cultivateurs.

Il m'a paru que de quantité
d'Auteurs qui ont écrit ſur le Safran, il n'y en a point qui nous
fourniſſent les détails dont peu-

yent avoir befoin les perfonnes qui voudroient s'attacher à cultiver cette plante dans un pays, où on ne l'auroit point encore effayé.

Ces Auteurs n'ont point parlé des abus qui régnent dans le commerce du Safran, & qui éloignent les Etrangers de nos Provinces, en témoignant leurs regrets, de ne pouvoir plus fe fier à la fidélité des Commiffionnaires, & d'être par-là forcés d'aller dans les pays, où il eft de bien moindre qualité, mais où on n'y falfifie pas encore autant cette denrée.

Ce Mémoire fera divifé en trois parties : la premiere con-

tiendra la description de la plante , sa culture , & les maladies
auxquelles elle est sujette.

La seconde partie enseignera
la façon d'en faire la récolte ,
de le mettre en état de vente , &
d'être transporté au loin , avec
son usage.

La troisiéme développera les
friponneries que commettent les
Cultivateurs , les Ouvriers &
les Commissionnaires; les moyens
de les découvrir , & ceux que
je crois nécessaires pour corriger les abus dominans dans ce
commerce , & faire revenir la
confiance des Etrangers.

Ce Mémoire est tracé en plus
grande partie sur des recherches

faites dans les endroits où on cultive le Safran avec le plus de fuccès , fur quelques-unes de mes expériences , & fur une quantité de matériaux , que m'a bien voulu fournir M. Duchefne-Broffard , qui fait depuis plufieurs années ce commerce à Pithiviers.

J'ai confulté auffi ce que M. Duhamel a écrit fur la culture du Safran dans fes Elemens d'Agriculture. Je n'aurois ofé revenir fur la même matiere , après cet habile Naturalifte , fi le plan de cet Ouvrage lui eût permis de fe livrer aux petits détails que je n'ai point épargnés , & fi je ne m'étois fait un devoir de découvrir ce qui fait tomber le commerce de cette plante, depuis quelques années.

Comme j'écris principalement pour la Beauce & le Gâtinois, je me suis servi des mesures qui y sont le plus en usage ; sçavoir, l'arpent de cent perches, & la perche de vingt-deux pieds. Le sac qui égale à un quarante huitiéme près le septier de Paris ; le même sac composé de trois mines, & la mine de quatre boisseaux ; la livre de seize onces, poids de marc.

J'aurois bien voulu donner en passant un tribut d'une juste reconnoissance aux mânes de celui à qui nous avons, en ces Provinces, l'obligation de la culture du Safran : je n'ai pu le connoî-tre avec quelques certitudes. J'ai cependant lû, en quelque en-droit, que c'est un Gentilhomme de la Maison des Porchaires, à qui appartenoit alors la terre de Boynes, qui y apporta d'Avi-gnon les premiers oignons de Sa-fran, sur la fin du quatorziéme siécle ; ce qui s'accorde assez avec la tradition : je ne vois même pas que le Safran ait été cultivé dans aucune partie de la France avant les Croisades.

MÉMOIRE

SUR

LE SAFRAN.

PREMIERE PARTIE.

Description du Safran.

A I-J E befoin de dire que le mot de Safran vient du mot Arabe *Zafferan*, que les Turcs, les Italiens , les Efpagnols & les Hongrois ont confervé. Les Latins l'ont appellé *Crocus* , & l'ef-péce , dont nous allons parler , eft con-nue chez les Botaniftes , par cette dénomination , *Crocus fativus Au-*

tumnalis. Ducange prétend même que dans la baſſe Latinité , on appelloit le Safran , *Zafframen.*

La plante du Safran eſt compoſée d'une bulbe ou oignon double , poſés l'un ſur l'autre. Celui de deſſous , qui produit les racines , ne ſemble deſtiné qu'à fournir une nourriture plus pure & plus digérée à celui de deſſus à qui il ſert de baſe , & lequel fournit la fleur , le fruit & les feuilles.

Les beaux oignons ont dix à onze lignes de diamétre , ſur quinze à ſeize de hauteur ; ils ſont généralement applatis par deſſus & par deſſous. On en trouve cependant qui ont leur partie ſupérieure arrondie. Ceux qui ſont larges & applatis nourriſſent plus de cayeux que ceux qui ſont arrondis ; mais ceux-ci donnent plus de fleurs.

La baſe , que l'on appelle communément la mere , ou le plaleau , eſt toujours plate ; elle peut avoir une ligne & demie, ou deux lignes de hauteur, quand l'oignon eſt mur : ſa ſubſtance eſt preſque ſéche , fanée & ridée ; elle a deſſous elle un enfoncement à peu-près pareil à celui où est placée la queue d'une pêche.

L'oignon de dessus s'arrondit sur sa base ; il y tient par un collet ou une espece de queue qui remplit seulement la cavité de sa partie inférieure ; la substance de cet oignon est charnue & uniforme en tout sens ; elle ressemble à la chair d'une pomme d'apis, & est assez douce au goût. Il porte dans sa partie supérieure une cavité, dans laquelle il y a une ou deux pyramides rousseâtres & brillantes. On en voit de plus petites, au nombre de huit ou neuf, sur les côtés du même oignon ; & c'est de-là d'où sortent les fleurs, les fruits, les feuilles & les cayeux. Quand on enleve l'enveloppe en forme conique de ces especes de boutons, on trouve dessous un mamelon de même figure, qui est un petit oignon contenu dans le grand, & qui renferme tous les principes de la plante.

Tel est l'oignon prêt à être replanté. Suivons-le maintenant dans les divers changemens qu'il subit après avoir été mis en terre : on l'y met dans les derniers jours de Juin, ou les premiers de Juillet. Il faut auparavant l'éplucher ou le dérober; c'est-à-dire, le dépouiller de sa bafe & de fes enveloppes.

Quelques femaines après que cet oignon a été ainfi planté, vers la mi-Août, les racines fortent en affez grand nombre de fa partie inférieure; les mamelons commencent prefque tout de fuite à s'allonger & à groffir: dès les premiers jours de Septembre, ils pouffent un tuyau hors de leurs communes enveloppes.

Ce tuyau eft couvert par plufieurs membranes blanches; il contient les feuilles naiffantes, lefquelles entourent le pédicule ou autre tube qui porte le bouton de la fleur. Ce bouton eft enfermé dans une coëffe, mince, blanchâtre, & fait toujours bien plus de progrès que les feuilles. A mefure que fon pédicule s'allonge au-deffus du principal tuyau, la fleur fe dégage de fa coëffe, & fe montre fous la forme d'un corps ovale, long de vingt à vingt-quatre lignes, dont la circonférence peut avoir feize à

dix-huit lignes. Son pédicule l'éleve
sur le terrein d'environ dix - huit lignes , & il eſt comme diviſé en deux
parties. La premiere part de la partie
interne & inférieure de l'oignon , tra-
verſe ſon centre , & s'éleve en groſſiſ-
ſant juſqu'à deux pouces au-deſſous
de la ſuperficie de la terre ; il peut
avoir en cet endroit une ligne & demie de tour: au-deſſus de cela eſt l'am-
bryon qui porte l'autre partie du pédicule , laquelle eſt véritablement la
partie inférieure de la fleur ; attendu
que les feuilles de cette fleur ne ſont
formées que par le prolongement des
membranes qui compoſent cette partie du pédicule.

Le bouton de cette fleur eſt en outre diviſé en ſix parties , leſquelles ſe
ſéparant les unes des autres , forment
en s'épanouiſſant un calice compoſé
de ſix feuilles ovales , qui reſſemble à
celui d'une petite Tulipe. Ces feuilles
ou pétales ont environ deux pouces
de longueur , ſur un de largeur ; leur
couleur eſt mêlée d'un bleu tendre ,
d'un rouge pourpre , & d'un peu de
blanc cendré. Elles ſe montrent ordi-

nairement fous cette forme , depuis les derniers jours de Septembre jufques vers le quinze ou le vingt d'Octobre : il y a cependant des années où on ne commence à les voir que quinze jours plus tard.

Il y a dans l'intérieur de cette fleur, trois étamines qui prennent leur origine dans la fection des deux pédicules , & font adhérens par un filet blanc à la partie inférieure de la fleur, tant qu'elle conferve fa fraîcheur , & s'en féparent aifément lorfqu'elle eft flétrie. Le fommet de ces étamines , long de cinq à fix lignes , eft formé de deux capfules , qui , en s'ouvrant , répandent une pouffiere d'une couleur jaune très-vive.

Le piftil eft compofé d'un embryon qui fe forme, comme nous l'avons déja dit , à la fection des deux pédicules ; il eft oblong & triangulaire , il a un peu plus d'un demi pouce de longueur ; il eft fupporté par un filet qui part du dedans de l'oignon. Cet embryon devient , quand la fleur eft paffée , un capfule à trois loges : chaque loge renferme un double rang d'une femence prefque ronde, dont il contient dix ou douze graines pofées alternativement, & qui ne mûriffent que dans les pays méridionaux. Pour parvenir à maturité, cet embryon s'é-leve jufques deffus le terrein.

Le ftile eft unique ; il part de l'intérieur de l'embryon, traverfe le tube de la fleur, & s'élevant de quatre ou cinq lignes dans fon calice, il fe divife en trois grandes fleches, de quinze à dix-huit lignes de longueur. Ce ftile eft blanc, & les fleches font d'un rouge vif, brillant & velouté ; elles exhalent une odeur agréable, mais un peu forte ; elles excédent les échancrures du calice ; elles font plus menues à leur origine qu'à leur ex-trêmité, qui s'applatit, & eft en outre cannelée & decoupée finement en crête de coq. Ces fleches font la partie précieufe du Safran.

On trouve ordinairement dans le principal tube, deux fleurs avec leur pédicule particulier, dont l'une fe montre plufieurs jours avant l'autre : quelques oignons produifent deux ou trois tuyaux ; mais alors il n'y en a

qu'un qui donne des fleurs, les autres
ne contiennent prefque toujours que
des feuilles.

Les feuilles de cette plante font formées par le prolongement des enveloppes de l'oignon ; elles font renfer-
mées, comme nous l'avons déja dit,
dans plufieurs membranes, qui ne font
que d'autres enveloppes ainfi prolongées, & qui compofent un tube. Les
feuilles ne le quittent qu'un peu au-
deffous de l'embryon ; elles font blan-
châtres dans le tuyau, jauniffent à
mefure qu'elles s'en féparent, & font
d'un verd éclatant, lorfqu'elles s'étendent fur le terrein ; elles font fort
étroites, longues de dix-huit à vingt-
quatre pouces hors de terre, & fe
terminent en pointe d'épée ; elles re-
préfentent une efpece de goutiere,
car elles font creufées en deffus &
forment un ados par deffous. Le fond
de la goutiere eft marqué par une
raye argentée, & fes deux bords,
plats par deffus, fe replient par-deffous
le long d'une bande arrondie qui régne dans toute l'étendue des feuilles.
Elles font très-poreufes, ou prefque
vuides

vuides dans leur intérieur ; on en compte six ou sept sur les oignons formés, & seulement deux ou trois sur les cayeux : elles sortent hors de terre deux ou trois jours après la seconde fleur, se conservent tout l'hiver, résistent aux gelées, & se desséchent aux premieres chaleurs du mois de Mai ; ce qui fait que pendant l'hiver les Safranieres, ou champs de Safran, sont couvertes d'une belle verdure, & que pendant l'été elles ne ressemblent qu'à des terres préparées pour recevoir quelques plantes.

Les feuilles desséchées, les enveloppes de l'oignon, dont elles étoient le prolongement, se desséchent aussi, & composent sa robe. Les mamelons qui ont pris naissance dessous elle, dans le solide de la bulbe, croissent de plus en plus, & cet oignon, sans substance & presqu'anéanti, ne leur sert bientôt plus que de double base, suivant les progrès dont je vais donner quelques notions.

Dans la premiere année, que la bulbe a été mise en terre, il n'y a guere que le petit oignon implanté

dans la cavité de fa partie fupérieu-
re , qui produife des fleurs & des feuilles , une partie ne donne même que
des feuilles ; les autres mamelons ou
boutons forment feulement des cayeux
fimples. Il y a cependant des bulbes ,
qui étant plantées de bonne heure ,
nourriffent trois ou quatre mamelons ,
lefquels , dès cette premiere année ,
fourniffent chacun deux fleurs ; mais
cela arrive rarement.

Les oignons de Safran , rangés dans
des appartemens fur des planches , y
produifent leurs fleurs dans la premiere année qu'on les y a mis ; on en
voit même quelques-uns qui montrent
également cinq à fix fleurs. On fent
bien que ces oignons-là périffent enfuite fans nourrir de cayeux , & que
leur fleur & fes fleches font bien plus
maigres & d'une couleur bien moins
foncée , que celle des oignons plantés avec foin.

J'appelle cayeux fimples , ceux qui
ne font deftinés qu'à former la bafe
d'un autre oignon , à qui il donne naiffance , dans les premiers mois de l'année fuivante , à la fin de laquelle ce-

lui-ci donne ordinairement des fleurs & de l'herbe : un cayeux ne produit ni l'un ni l'autre , qu'il ne se soit fait une base.

C'est-à-dire, que si vous plantez un simple cayeux , il ne rapportera rien, il ne servira qu'à former le plateau d'un autre oignon , qui naîtra de lui, & lequel poussera seulement deux ou trois feuilles , quinze mois après , & ne fournira sa fleur qu'au bout de vingt-sept. Si nous en voyons produire au petit cayeux posté dans la partie supérieure de la bulbe , dès la premiere année que celle-ci a été plantée ; c'est qu'elle lui sert de base , & que ce cayeux est porté sur des filets qui , traversant le corps de la bulbe jusqu'à sa partie inférieure , tirent d'elle les sucs nécessaires à ce petit oignon pour qu'il rapporte.

Le même oignon ne produit qu'une fois. Dès que sa fleur est tombée, les cayeux, dont nous venons de parler, se forment à ses dépens : il leur sert de nourriture & de commune base, jusqu'à ce qu'ils en servent eux-mêmes à d'autres oignons , qu'ils produiſent étant encore attachés ſur lui. Cette vieille bulbe ne périt donc entierement , qu'en élevant une ſeconde production ; puiſque les baſes de chaque petit oignon , implantées ſur elle , ont été les premiers cayeux ſortis de ſon ſein.

Cette vieille bulbe qui a ſervi , comme nous voyons , à nourrir le petit oignon qui a produit , & ces cayeux formés de ſes mamelons , ſe détruit dans la ſeconde année : ces cayeux rapportent déja des fleurs à la fin de cette année , ainſi que le petit oignon , qui a crû dans la partie ſupérieure de celui qui a donné l'année d'auparavant. Ces nouveaux oignons , quoiqu'en grand nombre , étant malgré cela encore à leur aiſe & bien nourris , cette ſeconde année eſt la plus féconde en fleurs & en herbe.

A la fin de la troiſiéme , le reſte des cayeux de la premiere , & quelques-uns de la ſeconde , fourniſſent des fleurs & des cayeux ; mais le nombre de ces oignons étant beaucoup augmenté , & les ſucs de la terre , dont ils font une dépenſe prodigieuse , commençant à s'épuifer , cette année n'eft point auffi abondante que la feconde.

Comme dans la quatriéme année , il s'éleve encore plus de cayeux que dans les précédentes , cette grande fécondité d'oignons force alors à les lever pour les replanter ailleurs.

Culture.

Les terres qui conviennent le plus au Safran , font celles qui font noirâtres , un peu grouéteufes ou fablonneufes , pas trop fortes , plutôt légeres que lourdes , un peu graffes , mais point humides ni argilleufes , expofées à tous les afpects du Soleil , bien labourées , bien meubles , fur - tout neuves , & qui n'ayent point été fumées depuis plus d'une année.

Les terres rouffeâtres, qui ont les qualités que nous venons d'exiger , font , après les noirâtres , celles qui font les plus convenables à cette plante; mais elle ne fait rien & fe perd entierement dans les terres blanches. Leurs fels, fi propres au froment, brûlent l'oignon du Safran.

Les terres noirâtres produifent de plus beaux cayeux, & en plus grande quantité que les roufeâtres ; les fleches de leurs fleurs font plus longues, plus larges, & d'une couleur plus vive que celles que l'on trouve dans les calices, qui fortent des terres roufeâtres ; mais ces terres-ci font quelquefois plus couvertes de ces fleurs, non que je croie que c'eft une qualité particuliere à ce terrein ; mais comme il a ordinairement moins de fond que celui des terres noires, on n'y plante pas les oignons auffi profondément que dans celles-ci.

Dans ces deux efpeces de terres, celles d'où l'on vient d'arracher de la vigne, réuffiffent le mieux, ainfi que celles où il y a eu du chanvre l'année précédente.

Les terres, où l'eau féjourne quelque tems, caufent à l'oignon de Safran des maladies mortelles : il pourrit dans celles qui font naturellement humides, & périt dans celles qui font fortes ou compactes ; il y eft étouffé, fi j'ofe m'exprimer ainfi.

On prépare les terres à recevoir le

Safran par trois différens labours ; on les entre-hiverne d'abord, en les marrant pendant l'hiver à un bon pied de profondeur ; il faut alors en ôter exactement toutes les pierres, racines, & mauvaises herbes. La seconde façon, qu'on appelle Binage, se donne au printems avec le même soin que la premiere; dans l'été suivant, vers la fin de Juin, on façonne la terre pour la troisiéme fois à la même profondeur ; c'est ce qu'on appelle le Rebinage. Il sert à ameublir la terre, parce qu'alors on en casse toutes les mottes. On évite de faire ces trois labours pendant de grandes pluies, ni si-tôt après : on attend que les terres se soient un peu égoûtées.

La plus part des Cultivateurs se contentent pour le second labour, qu'ils appellent le Raclage, de racler effectivement la terre avec la marre, à deux ou trois pouces de profondeur, & qui, pour la troisiéme façon qu'ils nomment Rafraîchissage, la labourent à six ou sept pouces seulement : mais on doit sentir par combien de raisons l'autre méthode est préférable.

B iv

Les Safranieres ne veulent d'autre engrais que du marc de raiſin , que l'on étend ſur le terrein , quelques ſemaines avant le premier labour. Cet engrais eſt même favorable au Safran , & quand on en a pu mettre quelque quantité dans ſon champ , il préſerve , dit-on , l'oignon de ſes maladies ordinaires , ou du moins les diminue.

La terre ainſi préparée & bien ameublie , les oignons ayant été dérobés & expoſés au Soleil pendant quelques jours , on les plante , dès le commencement de Juillet , dans des rayons de ſept à huit pouces de profondeur , que l'on fait le plus droit qu'il eſt poſſible , & à ſix pouces de diſtance les uns des autres. On met les oignons dans ces raies à un pouce les uns des autres : on fait ainſi cette opération. Quand le premier rayon eſt ouvert bien droit de la largeur de la marre , à la profondeur décidée , ce qui fait une ouverture d'environ ſept pouces en quarré , on range les oignons au fond , on les recouvre enſuite par les terres d'un autre rayon que l'on ouvre à côté , & ainſi ſucceſſivement

le champ se trouve garni. Il faut pour
cela une personne qui fasse les rayons,
& une autre qui range les oignons ;
mais une femme, ou un petit garçon
de douze à treize ans, suffit pour ar-
ranger les oignons derriere le Mar-
reur : ces deux personnes peuvent
employer cinq à six jours à cette opération, pour un arpent.

Il entrera, suivant la méthode ci-
dessus, douze oignons dans un pied
quarré ; ce qui fera cent quarante-cinq
mille deux cens oignons par quartier,
& cinq cens quatre-vingt mille huit
cens par arpent. Nous comptons
douze cens soixante oignons com-
muns & épluchés dans un boisseau,
cinq mille quarante dans la mine ; il
en faudra donc environ vingt-neuf
mines pour un quartier, & cent seize
pour un arpent.

Mais l'oignon de Safran ne se ven-
dant pas épluché, il en faut acheter
un cinquiéme de plus, parce qu'il
diminuera au moins de cela, en lui
ôtant sa base & ses enveloppes; ainsi
l'on en prendra trente-cinq mines pour
un quartier, & cent quarante pour

un arpent. Si je parle ci-après des
mefures , ce fera en oignons non dépouillés.

On ne peut cependant fixer au jufte
la quantité de mines d'oignons nécef-
faires pour meubler un arpent de terre , attendu que cela dépend totalement du plus ou du moins de groffeur de la bulbe. Il n'en entre pas
neuf cens dans le boiffeau , quand ils
font bien beaux ; & l'on y en compte
plus de onze cens , quand ils font bien
petits. Il en faudra donc acheter un cinquiéme de plus , fi les oignons font
fi beaux ; & un cinquiéme de moins ,
s'ils font fort petits.

Il y a malgré cela beaucoup à ga-
gner , quand on ne plante la Safraniere qu'avec de beaux oignons , attendu qu'ils produifent de plus belles
fleurs & en plus grande quantité que
les petits , qui n'en donnent fouvent
aucune la premiere année.

Les oignons coûtent , année commune , vingt fols la mine ; on paye
ordinairement deux fols & demi , trois
fols pour les dérober ; une femme en
épluche neuf à dix boiffeaux par jour.

Il y a bien de gens qui mettent les oignons en terre ſans les avoir dépouillés ; cette méthode eſt pernicieuſe : on ne peut juger de l'état de l'oignon. On en plante par conféquent quelques-uns qui ne valent rien, ou qui ſont malades ; & d'autres dont les baſes & les enveloppes ſont ſeulement attaquées , & que l'on ſauveroit en les en délivrant , périſſent en les conſervant, étant bientôt affectés de la même maladie. Ils infectent enſuite leurs voiſins , & font en peu de tems bien du ravage dans le champ qui les a reçus.

Les terres à Safran ſe louant ordinairement fort cher , les Payſans ne s'attachent qu'à en tirer tout le profit poſſible , pendant le tems qu'ils en jouiſſent, ſans s'embarraſſer d'épuiſer la terre ; & ne deſirant qu'une abondante récolte de fleurs, ils plantent à cette fin une plus grande quantité d'oignons , ſuivant la qualité de leur terre , & varient fort ſur la diſtance des rayons , & ſur celle des oignons. Il y en a qui mettent dans une terre neuve à cheneviere , juſqu'à deux cens mines par arpent ; ne mettant que quatre à cinq pouces entre les rayons , & un quart de pouce au plus d'un oignon à l'autre dans les rangées.

Quoique dans la partie du Gâtinois , où l'on cultive le Safran depuis plufieurs fiécles , il n'y ait point de terres neuves , l'ufage général eft d'y planter à cent quatre-vingt mines par arpent, d'y faire les rayons de fept pouces de profondeur , de mettre fix pouces de l'un à l'autre , & de ranger neuf oignons dans la longueur d'un pied-de-roi.

A mefure que l'on quitte ce pays pour remonter vers la Beauce , les terres devenant moins propres , l'ufage change fuivant leurs qualités. On met par arpent cent foixante mines d'oignons dans les meilleures , cent quarante-huit dans les médiocres , & au plus cent quarante dans les douteufes.

Nous pouvons donc conclure de ces différentes manieres de planter , que la regle générale eft de bien examiner la terre , & de fe déterminer

enfuite fur les qualités qu'elle aura ,
& qui approcheront plus ou moins
de celles que l'expérience a décidé
les meilleures.

J'ai tâché de prendre , dans la méthode que j'ai indiquée , un milieu
pour tirer du terrein un parti honnête
fans le trop épuifer , & pour avoir
de même une récolte en fleurs , en
herbe & en cayeux , qui ne foit pas
fi abondante , mais mieux conditionnée. Je continuerai donc à dire &
ce que je penfe , & ce que l'ufage a
confacré.

Je voudrois que l'on dreffât les
rayons à au moins fept pouces dans
les meilleures terres , parce que fans
cela , quand on eft obligé de fuivre
les raies pour cueillir la fleur , &
que leur intervalle eft plus étroit ,
on marche fur les rangées , & l'on
caffe beaucoup de tuyaux , qui commençant à fortir de la terre , font prêts
à la décorer de la fleur qu'ils renferment , d'autant plus que le pédicule
qui la porte , eft fragile & délicat.

Si l'on recueille moins , en éloignant
les oignons un peu plus les uns des

autres, on a , comme nous venons
de le dire , une récolte en tout mieux
conditionnée , que lorſque les oignons
ſe touchent. Mais , outre cela , les
maladies font un progrès bien plus
lent ; & l'on ménage ſon terrein de
façon , que l'on peut y replanter du
Safran , une fois plus ſouvent , que
ceux qui le ſurchargent.

Cette plante épuiſe la terre des ſucs
qui lui ſont néceſſaires à tel point ,
qu'il faut la laiſſer repoſer plus de
vingt ans avant d'y en mettre ; & ſi
elle a été un peu forcée , ces deux
ou trois dernieres fois qu'on l'a chargée
d'oignons , elle ſe laſſe de produire :
au lieu que ſi elle a été ménagée ,
on peut lui confier d'autre Safran au
bout de dix à douze ans , ſans qu'elle
trahiſſe votre eſpoir.

Moins on plante creux , plus on a
de fleurs , & plus les cayeux ſont
petits. Quelques Payſans , qui ne cal-
culent que le profit du moment , ne
plantent en conſéquence qu'à cinq
pouces au plus de profondeur ; mais
outre que les fleches de leur Safran
ſont courtes , menues & maigres , il

arrive souvent que leur oignon gele ; tandis que ceux qui sont enterrés plus creux, s'y conservent.

Le Safran craint la gelée ; mais il faut qu'elle passe le dixiéme degré, pour qu'il gele à sept pouces de profondeur ; à moins qu'il n'advienne de faux dégels, qui mettent les oignons entre deux glaces ; alors il en périt considérablement, parce qu'ils se fendent, & pourrissent bientôt après.

On remarque que les vieux Safrans sont bien plus susceptibles de la gelée que les nouveaux. C'est parce que les vieux sont bien moins enterrés ; attendu que les cayeux croissant sur la partie supérieure de la bulbe, & celle-ci, comme nous l'avons expliqué, leur servant encore de base, lorsqu'ils en ont acquis une seconde, les oignons se rehaussent toujours de plus en plus. On voit qu'ils s'élevent, après chaque année, de plus de huit lignes : on les trouve donc, dans la quatriéme année, à deux pouces moins creux qu'on ne les avoit mis. Quelque fois on les voit encore plus près de la superficie de la terre ; mais cela vient, auffi de ce que l'on ne façonne point les Safranieres que l'on veut détruire, & que le terrein fe trouve plus battu, lorfqu'on arrache l'oignon, que lorfqu'on le plante.

Il faut cependant prendre garde de mettre la bulbe trop profondément, parce que la fleur ne pourroit pas percer, ni parvenir au-deffus du terrein. On ne court aucun rifque jufqu'à neuf pouces, & même dix. J'ai vu quelques champs de Safran dans une terre légere, dont les oignons avoient été enterrés à cette profondeur, & qui fourniffoient de bien plus belles fleurs, que les champs voifins qui étoient plantés fuivant la méthode ordinaire de fept pouces; & leurs cayeux étoient monftrueux, mais en bien moindre quantité que ce qui fe trouvoit dans ceux-ci.

La Safraniere ainfi garnie, on donne une légere façon à la terre, que l'on nomme Recoulage, dans les premiers jours de Septembre, pour enlever les herbes qu'elle auroit pu produire depuis la plantation. On a fur-tout attention de ne faire cette opération,

que

que par un temps un peu fec. Si on la faifoit pendant de grandes pluyes , il fe feroit beaucoup de mottes qui empêcheroient la fleur de fortir.

Les bons Cultivateurs ne fe contentent point de cette façon. Ils mettent auparavant vers la mi-Août leur Safraniere en billons , de quatre à cinq pouces de hauteur , regardant le midi , & un mois après ils les rabattent.

Cette méthode a bien des avantages : outre que la terre eft plus remuée , & qu'elle donne moins de prife aux mauvaifes herbes , elle reçoit bien mieux les influences de l'air , qui arrivent aux oignons avec plus de facilité pour les dilater , & faire exhaler les vapeurs trop humides qui leur font fi contraires.

La Safraniere bien nettoyée & fa fuperficie bien ameublie , il faut la garantir de tous beftiaux , & éviter tout ce qui peut la fouler , afin que la bulbe fe nourriffe mieux , & que fa fleur perce plus aifément. Eloignez-en principalement les cochons, qui font fort friands de cette plante ; n'y fouf-

C

frez aucune taupe ; elles ne mangent point les oignons , mais elles les foulevent , les déracinent , & font des paffages pour les mulots , qui attaquent les oignons , & en bleffent une plus grande quantité , qu'ils n'en employent à leur nourriture.

Les liévres & les lapins n'épargnent point la fleur ni les feuilles du Safran. Ils font par-là de grands ravages. Outre la perte de la fleur , s'ils coupent les feuilles de cette plante , avant qu'elles ne foient mûres , l'oignon ne produit aucun cayeu , & périt.

Dans les endroits , où ces animaux abondent , les Cultivateurs font obligés d'entourer leur Safraniere avec des charniers que l'on plante en terre les uns à côté des autres , de façon qu'ils fe touchent. La dépenfe que cela occafionne eft confidérable en proportion de la chofe. Il faut foixante & quinze bottes de charnier pour entourer un quartier de terre , ce qui fait trois cens bottes pour un arpent. Le charnier vaut ordinairement dix-huit à vingt livres les vingt-cinq bottes; il en coûte donc environ vingt-quatre pistoles pour entourer un arpent de Safran , outre douze journées d'un homme pour apointer & planter le charnier.

Ne pourroit - on pas , soit dit en passant , établir dans les terres propres au Safran une police pour les liévres , telle qu'elle est en vigueur pour les lapins dans les pays de grains , en obligeant les Seigneurs de ces terres à faire détruire ces animaux-là qui ruinent leurs vassaux.

Avec tous ces soins , qui sont nécessaires , vous aurez peu de fleurs cette premiere année , la plupart des oignons ne fournissant que de l'herbe. Elle se conserve jusqu'au mois de Mai suivant , dans le courant duquel elle se séche & on l'enleve ; mais gardez-vous d'arracher cette herbe avant qu'elle soit seche , parce que vous feriez perir vos oignons , si vous l'enleviez , sur-tout peu de temps après qu'elle s'est étendue sur le terrein.

En sa seconde année , si-tôt que cette opération est faite , on ratisse la terre pour faire mourir les herbes étrangeres , qui se trouvent alors en

grande quantité dans la Safraniere.
Quand ces mauvaiſes herbes ſont
ſeches, on les ôte. Enſuite, vers la
fin de Juin, on façonne la terre juſqu'à
deux doigts de la bulbe. Plus on peut
mener le labour près de la partie ſupérieure des oignons, & meilleur il eſt ;
mais il faut que le Manœuvrier ſoit
ſûr de ſa marre, & qu'il prenne garde
à les couper.

Il y a même quelques gens, qui,
pour éviter la dépenſe de cette façon-
ci, ſe ſont aviſés de labourer leur
Safraniere avec la charrue. Cette
méthode eſt dangereuſe, parce qu'on
culbute une grande partie des oignons,
que le pied du Charretier en dérange,
ou écraſe beaucoup, pour le peu qu'il
veuille piquer près d'eux ; & que
d'ailleurs, ſi la terre a quelque humidité lorſqu'on fait ce labour, outre
les mottes que leve la charrue, ſon
ſoc bat & liſſe la terre ſur les oignons
en paſſant.

Le marrage à fond bien fait, ſix
ſemaines après, vers la mi - Août,
mettez votre terre en billons, ainſi
que nous venons de l'expliquer dans

le travail de la premiere année , & vous ferez de même le recoulage pour unir la surface de votre terrein. Si entre cette façon & la récolte du Safran , il survenoit des pluies qui battissent la terre , & y formassent des croûtes , il faudroit la ratisser encore , avant que les fleurs commençassent à paroître.

Vous répétérez les mêmes opérations dans le cours de la troisiéme année.

Dans la quatriéme , au mois de Juin, on arrache les oignons ; un ouvrier y parvient , en découvrant avec la marre les rangs d'oignons par dessus, aussi près d'eux qu'il est possible sans les blesser , & renversant toujours la terre du même côté , deux petits garçons de douze à treize ans , qui le suivent , enlevent les oignons & les mettent en tas. Ces ouvriers emploient quatorze ou quinze jours pour bien vuider un arpent de Safran : ils ne ramassent point les oignons qui leur paroissent malades , ni les cayeux simples qui n'ont point encore de robe.

On devroit avoir aussi l'attention de

purger le terrein , le plus qu'il feroit poffible , des oignons malades ; parce qu'ils le rempliffent de pourriture & d'infectes , qui s'y confervent pendant bien des années , & infectent par la fuite toute plante bulbeufe que l'on y remet , & le Safran lui-même , quand on l'y enterreroit trente ans après le dernier arraché.

On fent que plus la terre eft propre au Safran , & plus elle fournit de nouveaux oignons ; de façon qu'un arpent d'excellente terre donnera affez d'oignons, après trois ans , pour replanter deux autres arpens , & qu'un de médiocre terre , telle que celle de la Beauce , en produira à peine de quoi regarnir un terrein de même étendue.

Quand le Safran a été planté dans une bonne terre à cheneviere neuve , & que l'année précédente n'a pas été, par l'intempérie de la faifon, bien abondante en fleurs , on laiffe quelquefois les oignons produire une quatriéme année , & fa récolte équivaut fouvent celle de la troifiéme.

Les pareffeux qui n'ont point affez

de terre préparée pour recevoir leurs nouveaux oignons , ne levent point auffi tous les vieux dans la quatriéme année. Evitez de vous trouver dans ce cas-là ; car fi votre Safraniere eft dans un terrein même médiocre , vous n'aurez prefque point de fleurs à cueillir.

Si vous voulez par la fuite avoir un arpent de Safran toujours en plein rapport , il faut diftribuer votre terrein , de façon qu'il en renferme de trois différentes années , dans trois demi arpens. Pour y parvenir , vous plantez d'abord un demi arpent ; l'année fuivante , un fécond ; & la troifiéme année , un autre encore. A la récolte de cette année , vous aurez un demi arpent de trois ans , lequel joint à celui qui donnera fes premieres fleurs , équivaudra , pour le produit , le demi arpent qui pouffera les fecondes. Au mois de Juin fuivant , vous arracherez le demi arpent le plus anciennement planté , pour en replanter fur le champ un autre que vous aurez préparé ; ainfi fucceffivement d'année en année. Cette méthode a paru jufqu'ici la plus propre à tirer le meilleur parti des terres à Safran.

On eſt dans l'uſage de jetter de la graine de ſainfoin dans les terres d'où l'on ſort d'arracher des oignons de Safran , avant d'y mettre aucun grain ; parce qu'on prétend que la terre eſt trop dégraiſſée pour pouvoir nourrir du grain , avant d'avoir eu le repos de cinq ou ſix ans que lui procure le ſainfoin. J'ai cependant vu des terres , tant en Beauce qu'en Gâtinois , qui avoient été enſemencées , ſi-tôt qu'on en avoit ôté le Safran , les unes de froment & les autres de bled barbu , & qui ont produit de très-bonnes récoltes.

Pour cela , on laboure ces terres à la charrue , peu avant la moiſſon , & on leur donne un ſecond labour , lorſqu'on eſt prêt à les ſemer.

Mais on réuſſit infiniment mieux , en ratiſſant la terre avec la marre , quelques ſemaines après qu'on a levé les oignons , pour en ôter les mauvaiſes herbes qui y ſont déja venues ; en y faiſant des rayons avec le même inſtrument , dans les derniers jours d'Août ,

& en réformant enfuite de nouveaux rayons moins profonds que les premiers, pour recevoir inceſſamment le grain que l'on recouvre avec un ſimple fauchet. La terre eſt de cette façon bien moins foulée que par le labour ordinaire, & la facilité que les racines des grains trouvent à s'allonger & à s'étendre, répare en quelque façon le manque d'engrais.

En Gâtinois, lorſqu'on défait le ſainfoin qu'on avoit mis dans la Safraniere, on y plante aſſez communément de la vigne, qui s'y plaît fort. En Beauce, on remet les Safranieres en grains, & avec peu d'engrais, les bleds y viennent bien mieux qu'auparavant ; les terres ſe trouvant plus meubles & de plus de fond : ainſi le Safran bonifie les terres médiocres pour le bled, leſquelles ſont noirâtres, ou rouſſeâtres. Mais outre que les oignons ſe perdroient dans les meilleures pour le froment, qui ſont les blanches, il les gâteroit abſolument, en mêlant la terre blanche, dont la couche eſt peu épaiſſe, avec la terre rouge qui ſe trouve au-deſſous, &

qui ne peut produire qu'après qu'elle a été labourée pendant plusieurs années.

Maladies de l'Oignon de Safran.

Quelques Auteurs en désignent trois ; le fauffet , le tacon & la mort. Je ne parlerai que de deux , parce que je crois la premiere un effet de la feconde , & que d'ailleurs elle eft peu commune.

Le Tacon.

C'eft une carie qui attaque le corps de l'oignon , mais prefque toujours la bafe. Elle ne paroît que fous la robe , & ne commence à fe manifefter fur les enveloppes , que lorfqu'elle a fait quelque progrès dans la bulbe.

On connoît cette maladie à une ou plufieurs taches pourpres , lorfqu'elles commencent , & qui deviennent plus brunes en augmentant. Cette tache eft un ulcere fec qui corrode l'oignon , confomme fa fubftance , & le fait fouvent périr. A mefure qu'il pénétre dans le cœur de l'oignon, les enveloppes se teignent d'une couleur rougeâtre, se rident & se séchent. Ces progrès sont à la vérité insensibles : on ne les apperçoit clairement que lorsque le centre de l'oignon est déja corrodé. Le dedans des bulbes qui ont péri par cette maladie, ressemble à du bois pourri, & est sans humeur & sans mauvaise odeur.

Ces effets n'empêchent pas la plus grande partie des oignons qui ne sont attaqués du tacon que sur les flancs, de produire des fleurs, de l'herbe & des cayeux ; leur fleur est moins belle & plus pâle que celle des oignons sains ; leurs fleches sont plus courtes & plus menues. Leur herbe est d'un verd jaunâtre, & moins longue ; leurs cayeux sont en petit nombre. Ils ne périssent point, quand ils peuvent acquérir leur base sur la bulbe-mere, avant qu'elle se détruise ; mais ils ne donnent de fleurs qu'une année après les cayeux des autres oignons.

Mais si l'oignon a le tacon dans la cavité de sa partie inférieure, il ne produit rien, & périt vîte, sans qu'on puisse le sauver. Quand il a cette tache dans la cavité de sa partie supérieure, il périt aussi ; mais il pousse quelquefois auparavant, une espece de cayeux sous sa partie inférieure, qui s'allonge en terre de trente à trente-six lignes perpendiculairement, & quelquefois latéralement. Cette excrescence a la figure d'un fausset ; c'est ce qui a déterminé le nom de la maladie, dont nous venons de parler sous cette dénomination. D'autres fois le même oignon pousse sous la partie basse de ses flancs, un ou deux petits cayeux ; ils portent chacun un tuyau qui contient deux feuilles d'un verd jaunâtre.

Nous voyons que, puisqu'un oignon attaqué du tacon ne communique point cette maladie aux cayeux qu'il produit, quand l'ulcere n'est point encore parvenu à son cœur, elle est peu contagieuse. Un oignon la communique cependant à son voisin, quand celui-ci le touche à l'endroit où l'ulcere s'est attaché.

Je suis persuadé que cette maladie est causée par une certaine humidité de la terre trop abondante, pour que les rayons du soleil puissent la pomper ; car on remarque qu'elle est bien plus fréquente dans les fonds & dans les terres rousseâtres, qui étant bien plus compactes & moins sablonneuses que les noirâtres, sont toujours plus humides. Il est certain que cette maladie régne bien davantage, quand les mois de Juillet & d'Août ont été pluvieux. J'ai même vu dans ces années-là des champs de Safran, situés dans des fonds, dont plus de la moitié des oignons étoient attaqués. Le remede que l'on emploie contre cette maladie appuye mon sentiment.

On se contente de faire sécher au grand soleil, pendant quelques jours, les oignons qu'on vient d'arracher, & qui en sont attaqués ; après quoi on les dérobe, & on les replante avec les autres. On n'apperçoit dans leur production aucune différence sensible : cependant si l'ulcere a fait quelques progrès, il faut en enlever la carie avec l'ongle ou la pointe d'un coûteau, sans crainte de trop offenser l'oignon. Pourvu que l'on n'en blesse point le cœur, il produira toujours de l'herbe & des cayeux.

Quelques perfonnes, à caufe des temps couverts & des pluyes continuelles qui régnoient, ont guéri leurs oignons du tacon, en les mettant, pendant quelques jours, dans du marc de raifin bien fec.

Malgré la certitude de ces expériences, à moins que les oignons de Safran ne foient rares, je confeille de ne planter que des bulbes bien faines, & de rejetter toutes celles qui font douteufes.

Ceux qui feroient curieux d'avoir une Safraniere bien entretenue, pourroient marquer lors de la récolte, ou lorfque l'herbe s'eft étendue fur la terre, les oignons qu'ils verroient malades, avec de petites baguettes. Ils enleveroient enfuite, pendant le mois de Juin, ces oignons avec l'inftrument, dont fe fervent les Fleuriftes pour ôter un vilain oignon de jacinthe, & le remplacer par un plus beau. Ils appellent cet inftrument Emporte-piéce; il eft compofé de deux cylindres mobiles, qui entrent l'un dans l'autre.

Il faut que le diamétre de celui du dehors n'ait que vingt - une lignes : en enlevant la bulbe malade , on la remplaceroit par une faine. Cette opération demande de l'attention , pour ne pas bleffer les deux oignons voifins de celui que l'on veut enlever. Cette méthode a en outre l'avantage d'éviter, ou au moins de diminuer, dans une Safraniere , les ravages qu'y fait ordinairement la maladie dont nous allons parler.

La Mort.

C'eft une véritable pefte pour les oignons de Safran. Cette maladie commence ordinairement par attaquer les racines qui partent de la partie inférieure de la bafe de la bulbe. On voit alors les racines fe charger d'une couleur de pourpre , qui devient plus foncée à mefure que la mort les travaille ; de forte qu'elles noirciffent en périffant. Dès qu'elles commencent à être infectées de ce poifon , le fibre , qui les compofe , fe fépare de fon enveloppe ; il fe pourrit jufques dans

le corps de la base de l'oignon, où
il porte ce principe destructeur. On le
voit clairement, en coupant les bases
dont les racines partent ; elles y con-
duisent une couleur pourpre jaunâtre,
signe de leur maladie.

A peine en sont-elles attaquées, que
l'on s'en apperçoit aux enveloppes de
l'oignon, qui ne recevant plus qu'une
mauvaise nourriture, deviennent vio-
lettes, & les filamens, qui les composent, semblent comme hérissés &
séparés les uns des autres.

La base montre bientôt après des
taches d'un pourpre foncé, qui s'étendent de plus en plus sur sa partie exté-
rieure, & qui couvrent une putre-
faction qui fait des progrès rapides.
Effectivement cette partie de la bulbe
tombe peu de temps après en pourriture ; & l'oignon de dessus, que cette
espece de gangrene gagne, change
le solide de sa substance en humeur
visqueuse, gluante & infecte. Cette
humeur se dissout, & ne laisse que la
robe de l'oignon entierement vuide,
qui se conserve ainsi plusieurs années.
Il s'en trouve quantité, lorsqu'on
arrache

arrache les oignons , & c'eſt ce que les Payſans appellent les coqs ; la terre eſt deſſous glatte & graſſe , comme de la terre à potier.

La mort du Safran eſt une maladie ſi contagieuſe , que la moindre racine qui en eſt atteinte , & qui eſt mêlée avec celle de quelques autres oignons, la leur communique ; à plus forte raiſon une bulbe malade , qui en touche une autre , l'infecte-t'elle, à quel point que ſoit leur contact , ſoit ſur l'oignon ſupérieur , ſoit ſur ſa baſe. On découvre aiſément ce point , parce qu'il eſt ſur les robes des deux bulbes bien plus foncé , que dans les autres parties deſdites robes.

Bien plus , une pellerée de terre , priſe dans un endroit ou la mort a produit ſes terribles effets , jettée ſur un endroit où les oignons ſeront ſains , y porte la contagion ; & un oignon malade , que l'on plantera avec les meilleurs lorſqu'on meuble la Safraniere , l'infectera entierement , ſi l'on n'y remédie promptement.

En outre , le terrein reſte tellement impregné de cette contagion , que , comme nous l'avons déja dit , il en infecte non-seulement les oignons de Safran les plus sains , mais toute autre plante bulbeuse ou grasse : les lui confieroit-on au bout de trente ans ?

Tant qu'il reste quelque partie saine dans l'oignon supérieur, ou sa base, il pousse de ce côté des filamens menus & longs, d'abord blancs, & qui ensuite deviennent couleur de pourpre. Ils s'étendent au loin , & portent la maladie aux oignons voisins , en s'introduisant dans leurs enveloppes , & y faisant quelquefois plusieurs circuits. Ces filets entrent même jusques dans un oignon malade, s'il est déja putréfié.

A mesure que cette maladie fait des progrès sur l'oignon, sa seve s'extravase, & forme, avec la nourriture qui est destinée à ses enveloppes, de petits corps glanduleux, durs, compactes, velus, & d'une couleur pourpre foncée; leur substance est composée de petits poils serrés , positivement comme l'étoffe d'un chapeau.

Ces corps glanduleux sont adhérens aux oignons , & de la grosseur d'une petite noisette, mais plus plats ; ils sont blancs ou plutôt blafards. Dès qu'ils commencent à se former, & pendant le temps que l'oignon est en seve, depuis le mois d'Octobre jusqu'à celui d'Avril, ils prennent une couleur plus foncée, à mesure que cet oignon dépérit, & que les chaleurs augmentent.

Comme la force de la seve, qui forme la substance de ces corps glanduleux, leur fait jetter plusieurs filamens, & qu'ils se trouvent traversés souvent par ceux que l'oignon, aux dépens duquel ils se sont formés, a poussé, & que ces filamens, en s'allongeant dans le terrein, rencontrent d'autres oignons ; cela a fait croire aux anciens Auteurs de la *Maison Rustique*, & à quelques modernes, que ces corps étrangers étoient des petites truffes, ou quelques plantes parasites, qui vivoient aux dépens de l'oignon, & alloient de l'un à l'autre, à mesure qu'elles s'en étoient nourries.

On connoît la mort, à ce que les oignons qu'elle attaque un peu vigoureusement pendant l'été, ne pro-

duifent ni fleurs, ni herbe. Ils produifent l'une & l'autre, fi cette maladie
ne fait que de leur furvenir ; mais leur
fleur eft pâle , leur herbe jaunit , &
pourrit bien avant que celle des autres
oignons ne fe féche.

J'ai remarqué de plus deux efpeces
d'infectes , qui fe trouvent dans les
oignons attaqués de mort. Les uns
ont la groffeur d'un petit œuf de fourmi,
d'un blanc tranfparent pendant l'hiver,
mais chargé d'une nuance pourpre
pendant l'été. Leur tête conferve toujours cette couleur , & eft armée de
deux cornes ; leur corps eft porté fur
fix pattes ; ils dépofent des œufs en
affez grand nombre , dans la cavité
de la partie inférieure de la bafe d'un
oignon malade. Ces œufs, qu'on ne
peut diftinguer qu'avec la loupe ,
éclofent dans les premiers mois de
l'année ; les petits , qui en fortent ,
vivent de la fubftance de l'oignon
bafe , à mefure qu'il fe putréfie ; ils en
hâtent peut-être même la putréfaction;
ils paffent enfuite dans l'oignon fupé-
rieur , où on en voit prefque toujours ,
& en tout temps , tant qu'il conferve

de l'humidité. Ce qu'il y a de singu-
lier, c'est que ces insectes ne se trouvent point dans aucune partie des
bulbes saines, ni de celles qui ne sont
attaquées que du tacon.

L'autre insecte, que je n'ai apperçu
aussi que dans les oignons infectés de la
mort, est celui que l'on nomme vulgairement *l'Animal à cent pattes*, à
cause du grand nombre de celles qui
le supportent. Il perce l'oignon supérieur, dès qu'il commence à se putré-
fier; il s'y loge, & y fait ses petits
pendant l'hiver même, lesquels se
nourrissent de la substance de cet
oignon, à mesure qu'il se pourrit.

J'ai vu de ces insectes, dans presque
tous les oignons malades, que j'ai tirés
de différentes Safranieres de la Beauce
& du Gâtinois.

On remarque aussi dans quelques
endroits où régne la mort, que les
oignons semblent s'entretenir, &
former une espece de gâteau de quinze
à dix-huit lignes d'épaisseur. Je crois
que cela vient de ce que 1°. en plan-
tant le Safran, on en met les oignons
si près les uns des autres, que leurs

racines font prefque toujours enlacées.
2º. les oignons, qui deviennent malades, verſent pendant quelque temps,
par le premier endroit attaqué, une
certaine quantité de ſeve, laquelle,
jointe à une autre humidité que
produit la pourriture de ces oignons,
rend la terre compaĉte. 3º. Ils pouſ-
fent, comme je l'ai déja dit, pluſieurs
fibres ou ramifications par leurs flancs,
qui les enchaînent doublement les uns
avec les autres.

On n'a point encore trouvé de
remedes contre cette maladie. On
parvient à en arrêter les progrès, en
fouillant, vers la fin de Mai, des
tranchées larges & profondes d'un
pied autour des endroits infeĉtés. Il
faut qu'elles ne laiſſent aucun oignon
malade en dehors, & avoir ſoin de jetter
toute la terre qu'on en tire ſur le terrein
où régne la contagion : cela forme
donc de petites buttes dans les champs
de Safran.

La maladie de la mort fait, comme
on le voit, des torts inexprimables
dans les Safranieres. Outre la perte
d'une grande quantité d'oignons, elle

empoifonne le terrein de façon , que l'on ne peut plus y remettre de Safran fans rifquer de le perdre , pour le peu que cette maladie fe foit étendue dans plufieurs endroits du champ , la der- niere fois qu'on y a planté des oignons.

Lorfqu'on les vient d'arracher , fi on deftine le champ à en recevoir d'autres dans quelques années , & qu'on ne veuille point courir les rifques de cette maladie , il n'y a pas de moyens plus fûrs, que d'enlever toutes les buttes qui couvrent les oignons morts, avec le terrein qui les renferme, jufqu'à un bon pied de profondeur ; de laiffer ces excavités , pendant plu- fieurs jours , vuides , & de les remplir enfuite avec de la terre neuve.

On trouve quelquefois des oignons attaqués en même temps du tacon & de la mort ; ce qui fe diftingue aifé- ment , en obfervant les fymptomes de ces deux maladies , que nous avons indiqués ; puifque le tacon eft une carie feche que fuient les infectes , & que les oignons, qui en meurent , font pleins d'une efpece de groffe poudre ; au lieu que la tache de la mort s'étend bien plus amplement, & bien plus rapidement que celle du tacon, & que la robe des oignons, qui périssent par cette contagion, renferme, comme nous l'avons dit, une substance très-humide, visqueuse, gluante, infecte & remplie d'insectes.

Plusieurs expériences que j'ai faites, que je continue encore, & dont je rendrai compte dans quelque temps, par un mémoire particulier, me font croire que la maladie de la mort est occasionnée par un certain principe de putréfaction qui se trouve dans quelques veines de terre, & à une certaine profondeur. Les raisons qui me déterminent, font 1°. que plus on enterre les oignons, plus ils font sujets à cette maladie.

2°. Qu'à moins que les oignons ne reçoivent cette maladie par le contact d'une bulbe voisine ou de ses ramifications prolongées, elle les attaque toujours par les racines.

3°. Que des oignons mis dans de la terre prise dans un endroit où régnoit cette maladie, ne la gagnent pas, si on a eu soin de faire bien sécher cette terre au soleil pendant plusieurs jours ; & qu'ils y périssent assez vîte, si l'on n'a pas pris cette précaution.

4°. Que je suis parvenu à guérir des oignons, dont la base étoit plus d'à moitié pourrie, en en détachant l'oignon supérieur, & l'exposant au soleil le plus ardent, pendant quelques semaines. Il est vrai qu'on ne réussit point, pour le peu que le collet qui attache les deux oignons en soit atteint ; à plus forte raison si quelque partie de l'oignon de dessus est déja tachée.

5°. Si à la mi-Mai on enleve la terre d'un endroit, où régne la mort, jusqu'à huit ou dix lignes des oignons, on retarde par-là beaucoup les progrès de la maladie, & même plusieurs oignons, déja attaqués, fleurissent au mois de Septembre suivant, avant les autres ; & l'on en peut encore sauver un grand nombre, qui sont guéris au mois de Mai de l'année suivante, si l'hiver n'est pas trop froid.

6°. Dans les pays méridionaux, où ils enterrent le Safran à moins de profondeur, cette maladie y est à peine connue, & n'y fait des ravages que dans les terres naturellement humides.

Je pense donc que l'on pourroit, dans ces Provinces - ci, diminuer la cause de cette maladie, en labourant plusieurs fois la terre à la profondeur d'un pied, pendant les grandes chaleurs de l'été; ou au moins, si on ne veut pas se jetter dans cette dépense, il faudroit découvrir jusqu'à un pied de profondeur les endroits infectés, les laisser sécher au soleil d'été, pendant quelques jours, & cela par parties & à diverses reprises, jusqu'à ce que toute la terre de ces lieux-là eût été exposée à l'air.

Je crois aussi que, si la cause de cette maladie se conserve pendant tant d'années dans le sein de la terre, ce n'est que parce que ce principe de putréfaction qu'elle contient, au lieu de se dissiper dans les endroits où la mort a régné, & où il est par conséquent plus abondant qu'ailleurs, y est mieux conservé. D'abord, par ces petites buttes que l'on forme dessus, & qui y entretiennent l'humidité; en second lieu, parce qu'on ne se donne pas la peine d'enlever les oignons morts. Ces petits endroits sont donc moins remués que le reste du terrein ; ils ne les sont même plus, dès qu'ils ont été mis en butte. Par la suite on ne fait plus que les labourer avec la charrue, qui ne va pas assez profondément pour diviser cette terre infectée d'une pourriture grasse, dont elle reste imbibée, tant que l'air ne peut la sécher. Il n'est donc pas surprenant qu'elle corrompe les plantes, dont les racines la pénétreront pour chercher de la nourriture.

Mais si cela est, me dira-t'on, comment une pellerée de terre infectée, jettée sur un endroit sain, peut-elle l'empoisonner ? Cela n'arrivera pas toujours, répondrai-je ; car si cette terre funeste a le temps de se diviser & de se sécher avant qu'on ne la recouvre, ou que les pluies n'en enfoncent les particules empestées jusques dessus les oignons, elle ne causera pas le moindre désordre.

Le résultat de mes expériences & de mes observations me fait croire auſſi, que les corps glanduleux, dont nous avons parlé, ne ſont formés que par l'épanchement de la ſeve des oignons malades, & ne ſont nullement une plante particuliere & paraſite.

1°. Parce qu'il ne s'en trouve point dans une terre où il n'y a point encore eu de Safran.

2°. Que ces corps, tranſportés dans d'autres terres, n'y font aucune végé-tation, & ne s'y enflent que par l'humi-dité dont ils ſe chargent.

3°. Qu'étant un peu ſéchés & eſſuyés pour en enlever les principes de putré-faction dont ils pourroient être cou-verts, & étant enſuite plantés avec des oignons ſains, ils ne leur commu-niquent point la maladie.

4°. Que l'on trouve dans des endroits une quantité d'oignons qui ont péri de la mort, ſans être atteints par aucun filament de ces prétendues truffes, & ſans en avoir formé.

5°. Qu'une terre infectée de mort, dont on aura ôté avec le plus grand ſoin les corps glanduleux, & dans laquelle on aura planté des oignons ſans l'avoir fait ſécher, leur communiquera la maladie, avant qu'on ne puiſſe découvrir aucune trace de ces corps glanduleux ; & que ſouvent ces oignons y pourriront entierement , ſans en avoir été attaqués.

6°. Que ces prétendues tubéroïdes ou truffes ſont toujours adhérentes aux côtés de l'oignon, ou deſſous ; que l'on n'en voit aucune au-deſſus. S'il s'en trouve ainſi placées dans quelques ter-res, ce ne ſera que dans celles où il y aura eu anciennement du Safran , & alors ceſdites truffes n'auront pouſſé aucune ramification nouvelle.

Ces corps glanduleux , étant com-poſés d'une ſubſtance ſeche qui a la propriété de ſe ſerrer , ſe conſervent très - long - temps en terre ſans ſe pourrir. J'en ai trouvé dans des terres, où il y avoit plus de vingt ans qu'on n'y avoit mis du Safran, ſains , entiers , & qu'aucun inſecte n'avoit encore entamés.

SECONDE PARTIE.

Récolte du Safran.

LORSQUE la terre eſt dépouillée de ſes ornemens & de ſes richeſſes, les oignons de Safran décorent les champs de leurs fleurs. Elles paroiſſent ordinairement depuis les derniers jours de Septembre, juſques vers le vingt d'Octobre. Dans quelques années, elles ne commencent à ſe faire voir que vers le huit d'Octobre ; ce qui prolonge la récolte juſques vers la St. Martin. Les temps humides & les brouillards qui régnent dans ces temps-là, font que ces fleurs ne durent pas long-temps, & qu'elles ne peuvent reſter deux jours ſur le terrein ſans ſe gâter. Il faut donc avoir ſoin de cueillir tous les jours celles qui ſe montrent, ſans attendre même qu'elles ſe ſoient épanouies ; on les cueille le matin. Celles qui n'ont point été ſéchées par le ſoleil, s'épluchent plus facilement. Ces fleurs craignent les moindres chaleurs de cet aſtre ; elles ſont toujours plus belles dans les temps couverts & par les brouillards.

On cueille cette fleur , en caſſant ou coupant le tuyau , qui la porte , à environ deux pouces au - deſſous du calice. On a ſoin pour cela de mettre les pieds en marchant dans le milieu des rayons , & l'on prend garde de fouler les rangs d'oignons, parce qu'on écraſeroit bien de boutons de fleurs qui ſortent de la terre , & l'on caſſeroit les tuyaux de ceux qui ſe trouveroient plus élevés. C'eſt par cette raiſon que j'ai demandé , en traitant de la culture , que l'on fît les rayons plus larges qu'étroits. Quand ils n'ont point une largeur ſuffiſante , il eſt étonnant combien ceux qui font la cueillette écraſent de boutons. On emploie à cette opération indiſtinctement toutes perſonnes des deux ſexes , depuis l'âge de dix à douze ans.

Ceux qui cueillent , mettent leurs fleurs dans de petits paniers , qu'ils vuident dans des hottes que des hommes , deſtinés pour cela , portent pleines à la maison. Il y en a qui font vuider les paniers dans des poinçons, pour les conduire ainſi avec une voiture. Cette méthode eſt plus courte & moins diſpendieuſe ; mais elle occaſionne ſouvent bien de la perte, parce que les fleurs, qui ſe trouvent dans le fond des tonneaux, ſe flétriſſent par le poids & les égoûts de celles qui ſont par-deſſus, de façon qu'on ne peut plus les éplucher. Il y a peu d'inconvéniens, lorſqu'on veut ſe ſervir de voiture, de mettre les fleurs dans des manequins plats & peu profonds.

Par le moyen d'un tablier ou autre morceau de toile, on enfaîte les hottes de Safran juſqu'à la partie ſupérieure du doſſier. En cet état, elles peuvent contenir environ cinquante mille fleurs ; il entre quatre de ces hottes dans un poinçon, jauge d'Orléans.

Quoique dans le temps de la fleur, le Safran en pouſſe continuellement, il y a des jours doux & humides, pendant leſquels il en donne plus abondamment ; ainſi, pour le peu qu'on ait lieu d'eſpérer une bonne récolte, & que l'on poſſede des Safrans de deux

ans,

ans, il ne faut point épargner sur le nombre des ouvriers, en s'en assurant une quantité suffisante, tant pour cueillir que pour éplucher dans un temps convenable, & ne se pas mettre dans le cas de le faire faire loin de ses yeux.

On est quelquefois forcé de porter ses fleurs dans les Villes & Bourgs voisins, & d'en confier l'épluchage aux habitans, quand les oignons produisent tout-à-coup, que tous les ouvriers ne font occupés qu'à cueillir, & qu'il ne leur reste pas un temps suffisant pour éplucher à mesure ; ce qui est cependant nécessaire : car les fleches se collant aux feuilles de la fleur, deviennent difficiles à se séparer, & se perdent même lorsqu'on ne le fait pas, au plus tard, deux jours après les avoir cueillies.

Il faut environ huit éplucheuses & deux hotteurs, par arpent de Safran en bon rapport. On a coutume de les louer pour le temps de cette récolte ; le prix varie suivant que les années font plus ou moins abondantes ; il est depuis douze francs jusqu'à dix-huit :

les hotteurs ont vingt fols par jour ;
on nourrit ces ouvriers ; on les occupe
à cueillir le matin , & ils épluchent
l'après - dîné , jufqu'au milieu de la
nuit.

Pour éplucher le Safran , on en met
les fleurs fur de grandes tables. Les
éplucheufes fe placent à l'entour ; elles
tiennent la queue de la fleur de la
main gauche , l'ouvrent avec la droite
fi elle n'eft pas affez épanouie ; &
faififfant ces fleches avec le pouce &
le premier doigt , elles coupent , avec
l'ongle du pouce de la main gauche ,
la queue de la fleur à une ligne au
plus de la naiffance du calice , donnent
un petit coup de poignet fur la table ,
pour faire tomber les étamines , qu'on
appelle vulgairement le jaune ; &
tirant les fleches avec la main droite ,
elles les mettent dans une fébille ou
autre vaiffeau , & jettent enfuite le
calice de la fleur fous la table , qui
devient alors inutile , étant fans aucune
propriété connue.

On devroit ôter , plus fouvent qu'on
ne le fait , les dépouilles du Safran de
deffous les tables , où on l'épluche ;

parce qu'il arrive que , quand les éplucheufes ont long-temps les pieds dans
les épluchures , les jambes & le ventre
leur enflent confidérablement. Cette
enflure , à la vérité , n'eft point dange-
reufe , elle fe diffipe peu de temps
après que l'on a ceffé de manier du
Safran ; mais il y a des femmes . qui
s'étant trouvées dans de certains cas ,
en ont été fort incommodées.

Quelquefois même les éplucheufes
fouffrent des yeux qui leur enflent ;
mais je fuis perfuadé que c'eft la pouffiere des étamines qui caufe cette
enflure-ci , parce qu'elle incommode
de même ceux qui foulent le Safran
fec pour l'emballer.

Il eft néceffaire de couper la queue
de la fleur pofitivement au-deffous du
calice , comme nous l'avons dit : fi
on la féparoit plus haut , on couperoit
des parties des feuillés du calice , &
l'on diviferoit les trois brins qui forment la fleche ; ce qui cauferoit de
l'embarras. Si on rompoit le tuyau
plus bas , on laifferoit beaucoup de ce
filet blanc qui fupporte les fleches ,
lequel n'ayant aucune odeur , & ne

féchant pas auſſi bien que le reſte ; déprécieroit beaucoup le Safran ; à plus forte raiſon ne doit-on pas agir comme quelques Payſans qui ne le coupent point , & ne font que tirer toute cette partie blanche du piſtil avec ſes fleches.

Evitez ſur-tout de mêler dans le Safran aucune partie des feuilles de la fleur , parce qu'outre que ces parties ſe moiſiſſent fort vîte , elles lui communiquent une mauvaiſe odeur , même en féchant.

Quoique les étamines rendent le Safran moins pur , elles ſont moins dangereuſes que les feuilles ; attendu que quand elles feront feches , & que vous aurez ſerré votre Safran dans quelque boîte , pour le peu que vous le remuiez , le jaune tombera en pouſfiere dans le fond.

Lorſqu'on a cueilli les fleurs par la pluie ou une grande roſée , il eſt à propos de les étendre ſur des claies ou des tables , pendant deux ou trois heures avant de les éplucher , pour qu'elles puiſſent ſe décharger de l'eau qu'elles renferment. En les épluchant ſans cette précaution , les fleches ſe ſéchent difficilement ſur le tamis ; il eſt dangereux qu'elles ſe collent les unes avec les autres , qu'elles noirciſ-ſent & forment de ces pattes que l'on trouve dans le Safran de ceux qui ont négligé ce petit ſoin. Il réſulte auſſi de ce manque d'attention que le jaune tient aux fleches , ce qui ôte de la qualité au Safran , & qu'il s'y attache de petites parties de terre qui ſe tenant collées aux fleches, forment une eſpece de pouſſiere , que l'on prendroit pour du ſable.

A meſure qu'on épluche le Safran , quelqu'un le fait ſécher : il faut pour cela des tamis de crin de douze à quinze pouces de diametre ; on les ſuſpend avec une corde au plancher , quinze à dix-huit pouces au-deſſus d'un grand réchaud ou braſier de char-bons couverts d'un peu de cendres. Celui qui veut faire ſécher le Safran , en met environ une livre de fraîche-ment épluché , qu'on appelle Safran verd , dans le tamis; il l'y remue dou-cement à meſure qu'il perd ſon humi-dité , & le retourne lorſqu'il eſt ſec d'un côté ; ce qu'on connoît à ce qu'il commence à blanchir par-dessus.

Quand en le maniant on sent qu'il se brise aisément , il est séché suffi-samment. On le verse dans des coffrets de bois de chêne ou d'autre bois dont les pores soient encore plus serrés , pour pouvoir le conserver jusqu'à ce que l'on veuille ou le vendre , ou en faire usage. Ne mettez en-dedans qu'un peu de papier fin & point de linge ; le Safran étant naturellement susceptible de toutes les influences de l'air , tout ce qui est étoffé ne serviroit qu'à lui conserver de l'humidité qui lui est toujours contraire.

Bien des Paysans mettent quelques gouttes d'huile dans leur boîte à Safran , & le remuent ensuite plusieurs fois : cela lui donne une couleur plus brillante , un rouge plus vif ; mais cela lui ôte beaucoup de son parfum , & tout le velouté , dont les Anciens faisoient tant de cas , & que nous ne sçavons pas lui conserver.

Quand le Safran est enfermé dans un endroit , où il puisse conserver son degré de sécheresse , il perd peu de ſes qualités , au bout de cinq à ſix ans.

Ne ſouffrez pas la moindre fumée dans les réchauds , par la raiſon que votre Safran noirciroit bien vîte , & prendroit une mauvaiſe odeur ; que le feu ne ſoit point trop ardent , & que vos tamis n'en ſoient pas trop près. Soyez ſûr que plus vous emploierez de temps à cette opération , plus votre Safran ſera beau. On met ordinairement trois quarts d'heure pour ſécher une livre de verd ; il faut preſque deux poinçons de charbons pour en faire ſécher cent livres.

Choiſiſſez un endroit bien aéré pour faire ſécher votre Safran , ſans quoi il vous entêtera & vous fera enfler les yeux.

Il eſt bon de ſçavoir encore que cinq livres de Safran verd ne font qu'une livre de Safran ſec ; qu'il faut environ dix mille deux cens fleches vertés , & par conſéquent autant de fleurs du Gâtinois , & onze mille deux cens de Beauce , pour faire une livre de Safran verd, année commune. Quand le Safran eſt bien nourri , ſur-tout celui des pre-

mieres fleurs, on n'en compte fouvent
pas plus de huit mille dans une livre
de verd*; mais il y en faut prefque
toujours dix mille des dernieres fleurs.

Dix mille fleurs peuvent communément pefer huit livres en fortant du
champ; elles n'en pefent pas fept quand
le foleil les a frappées quelque temps,
& vont au-delà de dix lorfqu'elles font
mouillées.

Un arpent de Safran doit rapporter
vingt - cinq livres de Safran verd
dans la premiere année; cent livres
dans la feconde, & foixante & quinze
livres dans la troifiéme. Il y a des arpens
de Safran qui en rapportent plus de
cent cinquante livres de verd dans
la feconde année; mais ce font des
terres neuves d'élite, & dans des
années favorables.

Les mauvaifes terres produifent au
plus cinquante livres de Safran verd
par arpent dans leur meilleure année.

On compte, en louant des éplucheufes, qu'elles cueilleront & éplu-
cheront chacune, l'une portant l'autre,
douze à treize livres de Safran verd
pendant le temps de la récolte; ce qui

fait un peu plus de trois quarterons par jour.

Une bonne éplucheuse, qui ne fera qu'éplucher, doit faire quatre onces de verd par heure.

On prend dans les Villes & les Bourgs depuis douze juſqu'à quarante ſols pour faire une livre de Safran verd, avec les fleurs que l'on y porte. C'eſt le plus ou le moins d'abondance du Safran qui décide le prix. Il régne cependant ſur cet article des abus que je rapporterai ci-après dans la troiſiéme partie de ce Mémoire.

Choix du Safran.

Il y a peu de denrées qui demandent un choix plus ſcrupuleux que le Safran, non-ſeulement à cauſe des friponneries dont ſon commerce eſt ſuſceptible, mais par rapport au plus ou moins de ſoins que les Propriétaires mettent ſoit à l'éplucher, à le faire ſécher, ſoit à le conſerver.

Le Safran d'Aſie, ſur-tout celui du Mont-Liban, où on en cultive encore un peu, eſt le meilleur de tous.

Quoique toutes les plantes aromatiques ayent bien plus de qualités dans les pays chauds que dans ceux qui ne font que tempérés , il eſt cependant certain que les Safrans de Portugal , d'Eſpagne , d'Italie , du Comtat d'Avignon , du Languedoc & du Quercy, font moins bons que celui du Gâtinois ; apparemment que les terres & le climat de cette Province lui font plus propres. On m'a affuré même qu'en Afie il ne vient que fur les côteaux plats qui regardent le Nord ou le Nord-Eſt. Je n'ai point parlé du Safran de Normandie ; on ſçait que c'eſt le moindre de tous ceux que l'on connoît.

Si c'eſt pour l'envoyer un peu loin , foyez difficile fur le choix du Safran ; prenez-le nouveau , d'un rouge vif , d'une odeur forte , doux à manier , fec , point chargé de parties de jaune , la fleche longue , groffe , nette , & féparée de fon filet blanc.

Il eſt prefque impoffible qu'il n'y ait un peu de blanc ou de jaune dans le Safran ; mais celui où il y en aura le moins méritera la préférence.

Emballage.

Le Safran craignant la moindre humidité qui le fait noircir, & son parfum s'évaporant facilement, il faut bien des précautions pour le mettre en état de voyager ; ainsi la façon de l'emballer mérite quelque attention.

Les Anciens, suivant Pline, le renfermoient autrefois dans des boîtes de corne ; mais aujourd'hui la maniere la plus usitée d'emballer, par exemple, cent livres de Safran, est de faire faire quatre sacs d'une bonne toile fine, dont chacun puisse contenir vingt-cinq livres de Safran. On emploie une aune & demi de toile pour faire ces quatre sacs.

On jette ensuite le Safran sur une grosse toile serrée, & étendue sur le plancher ; on l'écamotte en le mettant dans les sacs, c'est-à-dire, qu'on le secoue légérement dans ses mains pour le disjoindre, en ôter toutes les pattes ou autres ordures qui pourroient s'y trouver : on appelle pattes une certaine quantité de fleches de Safran que l'humidité a tellement collées les unes aux autres, qu'on ne peut plus les féparer, & qu'elles forment comme une petite motte noire.

A mefure qu'on remplit un fac de Safran, on l'y foule autant qu'il eft poffible, d'abord avec les deux poings, enfuite avec le genou.

Les Commiffionnaires prétendent qu'il faut preffer ainfi le Safran dans les facs, pour qu'il s'évapore moins, & qu'il foit plus impénétrable aux influences de l'air, qui pourroient ou le trop fécher, ce qui occafionneroit du déchet, ou le rendre trop humide, ce qui le gâteroit. Mais la plupart craignent plus qu'il se deffèche, parce que, comme ils ne l'emballent qu'avec un certain degré d'humidité ou de foupleffe, s'il venoit à fe fécher fur la route, il n'auroit plus le même poids en arrivant à fa deftination.

Chaque fac étant plein, on l'ajufte fur la balance pour y mettre le poids, & on le ferme bien.

Enfuite on met enfemble les quatre facs; on les lie, on les attache avec une corde de moyenne groffeur, que l'on ferre avec une bille de bois à force de bras. Les quatre facs étant ainfi bien liés en un feul paquet , on les renferme dans un morceau de toile cirée d'environ deux aunes , qui les enveloppe totalement , & qui eft fixé par une ficelle. On recouvre après cela le tout d'une demi-botte de paille , & d'environ deux aunes & un quart d'une forte toile écrue, coufue de toutes parts avec une bonne ficelle. On prend enfuite une corde pour garroter le ballot par le milieu & les deux bouts ; on laiffe pendre d'un demi-pied les deux bouts de la corde , qui fervent à recevoir les plombs que l'on met aux différentes Douanes du Royaume.

Bien des gens , au lieu de mettre leurs facs de Safran dans des toiles , les renferment dans des barrils ou tonneaux bien clos ; ils les goudronnent enfuite par dehors. Cette méthode, qui donne moins d'embarras que celle que nous venons de détailler , eft auffi moins fujette aux événemens.

D'autres perfonnes , au lieu de facs , fe fervent de caiffes ; elles les garnif-fent en dedans de papier fin ; elles y foulent le Safran avec le même soin, & les enveloppent de toiles, ou les mettent dans des tonneaux, suivant une des deux méthodes que nous venons d'expliquer ci-dessus. Une caisse, pour contenir vingt-cinq livres de Safran, doit être faite avec un bois de chêne de deux lignes d'épaisseur; il faut qu'elle ait en dehors neuf pouces de hauteur, autant de largeur, & deux pieds de longueur.

L'emballage en caisses peut coûter, par cent livres pesant, un écu de plus que celui qui n'est qu'en simples sacs; & les ballots étant plus gros, il en coûte aussi un peu plus de voiture.

On retrouveroit bien cette petite dépense de plus, si les Commissionnaires, au lieu de fouler le Safran autant qu'ils le font dans les caisses qu'ils envoyent, se contentoient de l'y presser avec le poing; car lorsqu'il est foulé suivant l'usage ordinaire, s'il n'a pas un bon degré de sécheresse, il se met en masse solide, & se noircit aisément. D'autant plus, que l'on est obligé, pour pouvoir le fouler ainsi, de lui laisser prendre un peu de soupleſſe ; car s'il étoit fort ſec , il ſe mettroit en pouſſiere dans les ſacs ou les caiſſes.

On emballoit autrefois aſſez communément en France le Safran , dans des boîtes de fer blanc.

On le fait encore maintenant pour celui qu'on envoie aux Indes ; on y met de plus de l'huile d'olive , après qu'il a été bien foulé dans la boîte ; mais voici une autre méthode d'emballer le Safran pour les Indes , qui vaut beaucoup mieux , ſans être beaucoup plus diſpendieuſe.

On fait faire des caiſſes d'un bois dur , de trois lignes d'épaiſſeur , plus ou moins grandes ; on les garnit en dedans avec un papier fin, huilé deux fois , mais que l'on a eu la précaution de faire ſécher chaque fois. On met un double papier ſur le Safran ; la caiſſe ſe ferme le plus hermétiquement qu'il eſt poſſible , avec un deſſus à feuillure ; après quoi on la renferme dans une autre caiſſe de fer blanc , bien juſte , bien ſoudée & goudronnée. On eſt bien dédommagé de ce ſoin , en arrivant aux Indes , parce que comme le Safran n'eſt point huileux comme celui que l'on couvre d'huile , il a bien plus de ſaveur ; les Indiens en font plus de cas , & vous avez moins de déchet.

On a pu s'appercevoir que , malgré ce que diſent les Commiſſionnaires , je penſe qu'il vaut beaucoup mieux emballer le Safran bien ſec dans des caiſſes de bois , en l'y preſſant raiſonnablement & l'y fermant exactement , que de le fouler , autant qu'ils le font , avec le degré d'humidité que demande leur intérêt , aux dépens de celui de leurs Commettans.

Les frais de l'emballage, qui n'entrent point dans le prix de la commiſſion , varient ſuivant les conventions faites avec celui qui demande telle quantité de Safran , & ſuivant la maniere avec laquelle il veut qu'on l'emballe. On compte aſſez ordinairement aux Commiſſionnaires , en Beauce & en Gâtinois , dix - ſept à dix - huit livres pour le double emballage , en toiles , d'un ballot de cent livres de Safran.

On leur paye de plus deux pour cent du prix pour la commiſſion , outre les
frais

frais de voiture, & les droits de Douane & de sortie du Royaume.

Voyages du Safran.

Nous voyons, par le peu d'Auteurs qu'a épargné la barbarie, que le Safran étoit en usage dès la plus haute antiquité connue.

Les Tyriens & les Sydoniens en employoient beaucoup pour peindre, en jaune doré, l'étoffe dont on se servoit dans toute l'Asie pour faire les voiles avec lesquels les nouvelles Mariées se déroboient aux regards curieux pendant la cérémonie, & les premiers jours de leur mariage.

Nous avons lieu de croire que les peuples de Tyr & de Sydon connoissoient les autres propriétés du Safran, pour les parfums, les alimens & la Médecine, puisqu'ils en faisoient un si grand commerce. Ils tiroient leur Safran du Mont-Liban, où l'on en cultivoit alors beaucoup, principalement sur les bords du fleuve Éleuthere, que les Romains ont depuis nommé *Vallania*. Il descendoit de cette montagne , & tomboit entre Tyr & Sarrepta : ce fleuve prit le nom de *Vallania*, d'une petite Ville dont il baignoit les murs à son embouchure.

Les Tyriens faisoient encore venir du Safran de Cilicie : cette plante y croissoit en telle abondance , qu'elle avoit donné son nom à la forêt & à la ville de Coryce. Quinte-Curce nous rapporte , dans le troisiéme Livre de son Histoire , qu'on en voyoit quantité dans cette forêt. La ville de Coryce étoit considérable ; les Romains entretenoient toujours une flotte dans son port , & tous les ans , en Automne , on y célébroit les noces du Dieu Bacchus : les Prêtres , & ceux qui lui sacrifioient , portoient des couronnes faites avec des fleurs de Safran.

J'ai lû dans quelques Annales Hébraïques , que les Egyptiens & les Hébreux faisoient autant de cas du Safran que leurs voisins, & l'avoient toujours employé dans les alimens.

Les Egyptiens , en faisoient entr'autres choses , un mêts purgatif avec de l'orge & du sel. Quoique les Juifs fussent assez friands de cette espece

de ragoût, il leur étoit interdit, sur-
tout pendant le temps de leur Pâque.

Homere & Virgile ont chanté cette
plante ; tous deux empruntent souvent
les couleurs de sa fleur pour enrichir
les habits de l'Aurore. Le premier nous
apprend que l'on ornoit sa tête de
couronnes composées de la même fleur
dans les temples de Vénus.

Les Auteurs & les Poëtes anciens
nous disent qu'on faisoit usage du
Safran dans les sacrifices, les spectacles
& les festins. Après l'avoir fait infuser
dans l'eau, on en arrosoit les théa-
tres, les parois des temples & les
salles de festin.

Pline rapporte même que l'on se
couronnoit à table de cette fleur ; que
les chapeaux, qui en étoient compo-
sés, mitigeoient les fumées du vin,
& que les libertins, de son temps,
buvoient du Safran, avant de faire
quelque débauche avec Bacchus ou
Vénus. Cet Auteur attribue au Safran
d'autres vertus plus essentielles, pour
les inflammations de l'estomac, de la
poitrine, de la matrice, du bas-ven-
tre, &c.

F ij

La couleur &·l'odeur du Safran ont
été , pendant un temps , tellement à
la mode chez les Romains , que leurs
Aruſpices, leurs femmes & leurs petits-
maîtres ne portoient des bonnets , des
habits & des chauſſures , que de couleur de Safran. Ils nommerent cet
habillement *Crocota* , d'où Plaute fit
l'adjeſtif *Crocotarius*. Ciceron & Ovide
nous diſent ſur cela des choſes
poſitives.

Les Grecs employoient auſſi le
Safran dans la teinture de leurs étoffes.
Les guerres fréquentes ayant apparemment dérangé la culture de cette
plante en Aſie , d'où ils la tiroient ,
ils lui ſubſtituerent l'Holocryſſon
(*Holicryſſum* vel *Helicryſſum*) , que les
Romains , qui ſuivirent l'exemple des
Grecs , nommerent (*Petilius* vel *Pe-
tilia*) , & que nous connoiſſons ſous le
nom de roſe de Calabre. C'eſt une
eſpece d'églantier qui produit une
graine de laquelle ils ſe ſervoient ,
au lieu de Safran , pour teindre en
jaune doré.

Quant à préſent , on emploie le Safran
dans la teinture , les alimens

liqueurs & la Médecine. Qu'on ouvre le moindre livre de Botanique, on verra combien on lui reconnoît de vertus. Ce qu'il y a de plus certain, c'est qu'il est ami du cœur, de l'estomac, des poumons & de la matrice. J'ai éprouvé moi-même que c'est un confortatif admirable sur mer, en empêchant, ou au moins soulageant les nausées qui incommodent ceux qui voyagent sur cet élément. A cette fin, il en faut avaler un scrupule bien infusé dans un verre de vin vieux, le matin & autant le soir, pendant tout le temps que l'on a l'estomac dévoyé.

On fait usage du Safran dans les collyres ; on en compose une espece d'onguent ou de baume, qui étoit très-estimé des Anciens, sous le nom de *Crocomagna*, ou de *Crocinum*.

Récolte de la graine du Safran.

Je n'ai pu rien trouver de satisfaisant sur cet article ; attendu que la fécondité & la commodité des cayeux, que produisent les oignons, en a fait

négliger la graine ; d'ailleurs elle ne
mûrit point dans ce Pays-ci , & l'on
ne la peut recueillir que dans les Pays
méridionaux. On laisse, à ce dessein,
une partie d'un champ de Safran sans
en cueillir la fleur ; & six semaines
après qu'elle est passée , vers les premiers jours de Novembre , on coupe
avec l'ongle , de la même maniere que
la fleur , le pédicule qui porte la
capsule triangulaire qui renferme le
fruit : on la fait sécher , pendant quelques jours , au soleil , & on la seme
ensuite. On arrache & on replante les
oignons venus de cette graine , trente
mois après qu'ils ont été semés : une
partie rapporte déja des fleurs , cinq
ou six mois après avoir été replantés.

Récolte de l'herbe du Safran.

Cette herbe se séchant dans le mois
de Mai , on l'arrache , dans les derniers
jours de ce mois , avec les mains ; on
la laisse fanner quelque temps sur le
champ ; on la ramasse ; on la met en
bottes de dix à onze livres ; on la serre
ensuite avec soin dans des greniers ,

foit pour la vendre , foit pour la faire confommer chez foi , l'hiver fuivant.

Cette herbe eft excellente pour les vaches ; elle les rend plus abondantes en lait , & donne de la qualité à leur beurre.

La gerbe de ce fourrage fe vend ordinairement deux ou trois fols ; on peut en recueillir dans les bonnes terres foixante ou foixante & dix gerbes par arpent , la premiere année de plantage ; & cent gerbes , dans chacune des deux années fuivantes.

Quatre journées d'un ouvrier fuffifent pour arracher , fanner & botteler le fourrage d'un arpent de Safran.

Je ne dirai rien ici de la récolte des oignons de Safran , ayant expliqué la façon de les arracher , en traitant de la culture. Je ne regarde pas d'ailleurs cette opération comme récolte , puifqu'elle ne fe fait que dans la quatriéme année , & en détruifant la Safraniere.

F iv

TROISIÉME PARTIE.

Abus sur l'épluchage du Safran.

LEs Payſans apportent dans les Villes & les Bourgs leurs fleurs à éplucher : quelques habitans ſe chargent de le faire pour un prix convenu , par chacune livre de Safran verd. Quelques inſtans après arrive - t'il quelqu'autre Payſan qui leur donne quelques ſols de plus par livre, cette eſpece de Bourgeois laiſſe là le Safran du premier venu , pour éplucher celui du ſecond.

D'autres, qui ſe chargent d'éplucher, jettent pour aller plus vîte , ſous eux , les fleurs qui ne ſont pas bien ouvertes, ou qui ſont flétries , ou dont les fleches ſont un peu collées à leurs feuilles ; ce qui cauſe beaucoup de perte au Propriétaire.

Pluſieurs mêlent , outre cela , tout le jaune des feuilles du calice , & même de l'herbe , avec le Safran. Le Payſan qui se trouve embarrassé de ses fleurs qui pressent, est obligé d'en passer par où l'on veut, & de payer ce à quoi on le taxe.

Combien n'y a t'il pas de ces gens-là, qui volent impunément sur le Safran qu'ils viennent d'éplucher ? Pourquoi donc n'établiroit-on pas une police sur cet article, dans les Villes & Bourgs ? Il est difficile de fixer des mesures pour les fleurs, qui puissent rendre une quantité déterminée de Safran verd ; mais on pourroit, ce me semble, taxer tous les jours le prix du Safran épluché. Celui qui est chargé de la Police dans chaque endroit, conjointement avec deux Notables du lieu, régleroït cette taxe, suivant l'abondance des Safrans ; on l'afficheroit tous les jours à midi sur la Place du lieu, pendant tout le temps de la récolte ; & ceux qui feroient convaincus d'avoir perdu du Safran par leur faute, de l'avoir falsifié ou mêlangé, ou de s'être fait payer au-delà de la taxe, seroient mis à l'amende, & leur nom se verroit sur l'affiche du jour suivant.

Qu'on ne craigne pas de priver par-là

les Cultivateurs d'une facilité qu'ils trouvent pour faire éplucher leur Safran. Si ceux-ci deſirent l'avoir bientôt prêt à faire ſécher, le peuple des Villes n'eſt point fâché de trouver ce petit bénéfice en argent comptant ; d'autant plus qu'une bonne éplucheuſe peut faire quatre onces de verd par heure, que des enfans, de huit à dix ans, peuvent encore l'aider, & qu'il y a bien des jours où l'on donne, dans les bonnes années, au-delà de quarante ſols par livre.

Friponneries des Cultivateurs.

Dans les Pays méridionaux, les Cultivateurs mêlent du Carthame avec leur Safran. J'ai vu à Roterdam un ballot de Safran venant d'Eſpagne, où il y avoit plus de trois onces de Carthame par livre.

C'eſt une eſpece de Chardon, qui produit une pelote chargée de pluſieurs floſcules ou petites fleurs, ſemblables à celles du Safran ordinaire, & qui portent comme lui un ſtile qui ſe ſépare en trois fleches ; mais ces fleches, quoique de la même couleur que celles du Safran, ne font point portées par un filet blanc, font bien plus menues, bien plus courtes, moins applaties par les extrêmités, & fans odeur. En examinant donc un peu le Safran, avant de l'acheter, il fera aifé de reconnoître s'il eft mêlé de Carthame.

Dans les Provinces méridionales de la France, il vient naturellement, dans les prairies, plufieurs efpeces de Safran printanier; quelques Payfans en font ramaffer la fleur, qu'ils épluchent & féchent, pour pouvoir le mêler avec le Safran qu'ils doivent recueillir en Automne.

Il faut plus d'attention pour reconnoître ces faux Safrans, que pour le Carthame; car la partie du ftile, qui porte leurs fleches, eft blanche comme dans le bon Safran: mais ces fleches font fans parfum, & toujours plus courtes & plus minces que celles du véritable.

Les habitans de la Beauce & du Gâtinois, n'ayant point la facilité d'employer ces deux fupercheries, fe contentent de donner de l'humidité à leur Safran, dans le temps qu'ils veulent le vendre, foit en le mettant à la cave, foit en l'expofant au brouillard dans leur grenier, les fenêtres ouvertes ; foit en le mouillant tout uniment avec une efpece de goupillon.

Pour le peu qu'un Safran bien fec acquiert de l'humidité, il augmente d'une once par livre ; & pour remettre cette même livre à fon degré de féchereffe, elle diminuera de deux onces, outre que le Safran blanchira & perdra beaucoup de fa qualité. Ne vous laiffez donc pas tenter par la beauté du Safran, pour le peu qu'il ne foit pas affez fec pour fe brifer dans vos doigts en le maniant.

Commerce du Safran & friponneries des Commiffionnaires.

Ce n'eft pas fans peine que j'entre dans de pareils détails ; mais le bien du Royaume, & de la Province en particulier, guidant ma foible plume, je continuerai à tracer avec fidélité ce que j'ai vu, & ce que j'ai appris. Écartons ces horreurs-là pour un inſtant, & jettons un coup d'œil ſur le commerce du Safran du Gâtinois.

Juſqu'au commencement du dix-ſeptiéme ſiécle, les Hollandois & les Allemands ſont venus à Boynes, vers la fête des Morts, pour y acheter le Safran. On n'en cultivoit alors que dans cette partie du Gâtinois, com-priſe dans les territoires de Boynes, Barville, Batilly, St. Michel, Cour-celles, Acoux, Rougemont, & Yévre-la-Ville ; ce qui fait un pays d'un peu plus de deux lieues de long, ſur une lieue & demie de large.

Il ne ſe vendoit alors pas plus de trois milliers de livres de Safran, tous les ans ; & comme on ne le falſifioit pas, & que cette petite quantité, produite par un même terrein, pouvoit être traitée avec ſoin, le Safran du Gâtinois alloit de pair avec celui du Levant. Si nous en croyons l'Hiſtoire du Gâtinois, & quelques autres Mé-moires particuliers, le prix de cette denrée ſe régloit par le concours des Marchands & l'abondance de la récolte.

Les Étrangers s'étant laſſés de veni:

acheter eux-mêmes, firent des conventions avec des Marchands du pays, pour faire leur provision de Safran & la leur envoyer. Pendant quelques années, l'ancienne coutume de fixer le prix du Safran, à Boynes même, se soutint ; mais la plupart des Commissionnaires, qui demeuroient à Pithiviers, Ville voisine, y attirerent les Paysans qui y apporterent leur Safran. Le prix s'y régla alors de même qu'à Boynes, sur le besoin des acheteurs, & la quantité qu'on y apportoit de cette marchandise ; ce qui a établi l'usage, qui continue encore maintenant, d'y mettre un prix général & fictif, vers la St. Martin.

Comme, à proportion du prix de l'argent, le Safran se vendoit, dans ces temps-là, la moitié en sus de ce qu'on l'achete aujourd'hui, l'ambition des Beaucerons, voisins du Gâtinois, leur fit envier les avantages apparens de cette culture ; on en planta beaucoup en Beauce, sans consulter ni la propriété du terrein, ni la meilleure façon de cultiver cette plante.

La plantation s'étant ainsi accrue,
les Agens pour le commerce du Safran
se multiplierent de même , & cela
avec d'autant plus de facilité , qu'il n'y
a qu'un gain sûr à faire dans ce trafic , puisqu'on ne leve cette marchandise , que lorsqu'on est sûr de s'en
défaire à un prix certain. Il n'y a cependant pas plus de trente ans que l'on
ne comptoit que cinq à six Commissionnaires en cette partie , pour la
Beauce & le Gâtinois , lesquels ne se
permettoient que la fraude de donner
un petit degré d'humidité à leur Safran , & quelque manege pour obliger
les Cultivateurs à le leur livrer de préférence ; ils leur fournissoient plus ou
moins d'argent pour faire leur récolte.

Outre que les nouveaux Commissionnaires , maintenant au nombre de
plus de trente , ne connoissent point
ce commerce , étant la plupart Chi-
rurgiens , Tailleurs , Maréchaux , ou
d'autres métiers, ils n'ont d'autres vues
que d'enlever cette partie aux anciens
Commerçans. Ils achetent le Safran
dix-huit ou vingt sols par livre plus
que les autres Commissionnaires , &

le paſſent au prix général à leurs Cóm-
mettans , en prenant encore une provi-
ſion plus foible.

Quoique ces nouveaux Agens ſoient
favoriſés par leurs parens , alliés &
amis , qui cultivent eux - mêmes le
Safran , ils ſe ruineroient bientôt à ce
trafic , s'ils ne trouvoient des reſſources
dans la fraude.

Les anciens Commiſſionnaires voyant
avec peine ſortir cette branche de commerce de leur famille , n'ont imaginé
d'autres moyens que de forcer les
Payſans à leur livrer leur Safran , par
l'appas des avances & du crédit ; de façon qu'ils s'aſſurent leur récolte , huit
ou dix mois avant qu'elle ne ſe faſſe.

Le Cultivateur augmente , le plus
qu'il peut , le produit de ſa récolte,
pour s'acquitter avec ſon créancier
d'une plus forte ſomme. Celui-ci ,
craignant de perdre ſes avances , prend
la marchandiſe telle qu'il la trouve , &
l'envoye de même à ſes Commettans.

La plupart des Payſans ne recueil-
lant donc plus que pour leurs créan-
ciers , & le reſte des Cultivateurs
voyant que les Commiſſionnaires viennent

nent chez eux pour enlever leur Safran, personne ne se donne plus la peine d'expoſer cette marchandiſe au marché ; au lieu qu'anciennement, comme on l'y apportoit, on n'y voyoit généralement que du Safran en bon état, & les Commiſſionnaires, ayant le choix, pouvoient faire de bons envois.

Beaucoup de Commiſſionnaires ne ſe donnent pas la peine de lever eux-mêmes le Safran ; ils ont des Courtiers qui font cette beſogne. Ces Courtiers, non contens du ſalaire ordinaire, fraudent encore ; ils pincent chez les Payſans le Safran avec les doigts pour le mettre dans la balance, & le ſecouent auparavant, pour qu'il ne s'y trouve aucune pouſſiere ; mais quand il eſt peſé, ils reprennent le fond de la boîte comme un revenant bon, ils mêlent cette pouſſiere avec leur Safran, & remettent le tout à leurs Commettans, en s'appropriant le ſurplus du poids que cela occaſionne.

Ajouterai-je, ce qui n'eſt que trop vrai ; pluſieurs ſe ſervent encore de faux poids pour peſer chez les Payſans.

Les Courtiers, en outre, levent le

G

Safran dans de simples sacs , ils le
déchargent ensuite dans les greniers
de leurs maisons ou de celles des Commissionnaires , dont on laisse les fenêtres ouvertes pendant les brouillards
ou la pluie ; le Safran s'y charge
d'humidité & s'évapore. Loin de-là ,
ils devroient le lever bien sec dans
des boîtes , & le mettre chez eux
dans de grands coffres , ou au moins
dans des especes de cabinets plan-
chéiés , bien secs & bien clos.

Autrefois les Étrangers envoyoient
l'argent nécessaire aux Commissionnaires, pour lever la quantité de Safran
qu'ils desiroient ; maintenant ils ne rem-
boursent les envois qu'à mesure qu'ils
les reçoivent ; ils exigent une livre de
plus par quintal , que le Commission-
naire ne peut communément avoir du
Paysan ; & les Commettans ne veulent
point donner une provision plus considérable que celle qu'ils accordoient en
faisant les avances.

Les Commissionnaires ne retirent
point d'intérêt de celles qu'ils font aux
Paysans plusieurs mois avant la récolte ; quand ces avances ne sont point en

marchandifes, ils vont, à l'envi les uns des autres, chez les Cultivateurs à qui ils n'en ont point faites, donnant plus ou moins par livre, fans ofer compter le furplus à leur Commettant. Toutes ces raifons les forcent, en quelque façon, à avoir recours à la fraude, pour tirer quelque profit de leur négoce ; ils mouillent & remouillent leur Safran, qui fe pourrit, fe noircit, ou diminue confidérablement de poids, comme nous avons dit ci-devant, quand on veut le remettre au degré de féchereffe qui lui eft néceffaire, pour pouvoir le garder.

Les Étrangers ne faifant point affez de différence entre les Safrans de la Beauce & du Gâtinois, bien ou mal apprêtés, veulent les avoir indiftincte-ment au même prix, tandis qu'ils diffé-rent pour la qualité de vingt, trente, quarante & cinquante fols par livre.

Je regarde cet abus dans le com-merce du Safran, comme la fource de tous les autres ; & je fuis perfuadé que fi l'on pouvoit y établir différens prix, comme pour les autres denrées, la plupart de ces abus tomberoient d'eux-mêmes.

Examinons les friponneries dont usent maintenant les Commerçans, & la façon de les connoître, après quoi nous chercherons les moyens d'établir quelque sûreté dans le commerce, & de rappeller par conséquent la confiance des Étrangers.

Il y a des Commissionnaires qui font bouillir du sablon très-fin, avec du Safran même ou de la Garance, & en saupoudrent leur Safran : lorsqu'il est un peu humide, ce sable se colle aux fleches, & il est difficile de s'en appercevoir, tant que le Safran conserve quelque humidité ; cependant en le maniant un peu fortement, ou en le secouant sur un linge blanc, cette fraude se manifeste.

J'ai trouvé dans un envoi fait à Amsterdam, vingt-deux onces de sable dans un sac de Safran, pesant vingt-cinq livres, sans ce qui étoit resté adhérent à la toile ou aux fleches.

Je vis clairement dans des ballots de Safran, chez un autre Commerçant de cette Capitale, les deux supercheries suivantes.

On avoit fait rougir, avec du sel, de

la rouelle de bœuf ; on en avoit enfuite
coupé les filets de la longueur des fleches
de Safran , & en applatiffant un bout
pour les mieux imiter , on en avoit enfuite féparé & mêlé deux ou trois onces
par chaque livre dans le Safran : de toutes les fraudes , celle-ci lui fait le plus
grand tort , par ce que cette viande fe
corrompt , & le gâte fans reffource. Il
eft aifé de découvrir cette horrible friponnerie , parce que outre que les fleches du Safran ont moins de couleur
vers la queue , elles vont en diminuant ;
ce qui eft difficile de faire imiter aux
filets tirés de la rouelle de bœuf , outre que l'odeur s'en fait bientôt fentir.

L'autre friponnerie confiftoit en des
fils , couleur de Safran , dont on avoit
coupé les brins applatis par le bout de
la longueur des fleches de Safran , &
on en avoit mêlé trois onces par
livre ; ces brins de fil n'ayant point
le liffe , ni le brillant du Safran , fe
reconnoiffent aifément à l'œil , &
plus encore dans les doigts , pour peu
qu'on s'en méfie.

Quelques Cultivateurs & Commiffionnaires mettent de l'huile dans leur

Safran, fous prétexte de le conferver.
Cette méthode le détériore, en lui
faifant perdre fa faveur ; mais elle eft
favorable à celui qui le livre, puifqu'elle augmente le poids à proportion, de
la plus ou moins grande quantité d'huile dont on nourrit le Safran.

Moyens pour affurer le Commerce du Safran.

La liberté du Commerce devant
être une chofe facrée, j'ai cherché les
moyens de rétablir celui du Safran, fi
effentiel à ces Provinces-ci, fans le gê-
ner ; & j'avoue que je n'en ai point
trouvé. Je propoferois ce qui fuit, avec
plus de répugnance, fi je le faifois dans
un autre deffein que d'engager les bons
Citoyens à réfléchir fur cet objet, & à
faire part de leurs vues au Gouvernement.

Penfant, comme je l'ai déja dit, que
la fource des friponneries eft l'égalité
du prix pour tous les Safrans indif-
tinctement, le débit le plus confidérable
ne s'en faifant que par commiffion ;
comment corriger cet abus, & faire éta-

blir pour les Safrans des prix différens, suivant leurs qualités, dans un marché, comme pour les autres denrées.

Etablirons-nous, à cet effet, des Commissaires dans les Villes où se fait le commerce du Safran, choisis parmi les Négocians de chacune de ces Villes; ce seroit, dans la Généralité d'Orléans, à Orléans, à Neuville, à Pithiviers & à Puiseaux.

Les Commissaires au Safran seroient élus tous les deux ou trois ans, au nombre de deux ou trois, dans chacun de ces endroits parmi les Marchands; on leur adjoindroit aussi un homme de la Justice du lieu.

Il seroit défendu de faire sortir aucun Safran de la Province, pour les pays Étrangers, que les Commissaires n'eussent mis leur plomb sur le sac ou la caisse. Ils auroient en conséquence droit de visiter & examiner le Safran qu'on leur présenteroit, & d'en fixer le prix suivant les qualités qu'ils lui trouveroient.

Ils se rendroient pendant les mois de Novembre, Décembre, Janvier & Février, à certains jours & à certaines heures, dans un endroit indiqué, pour y marquer les Safrans, & délivrer les congés.

Si pendant le cours des autres mois de l'année, un Négociant veut faire quelque envoi de Safran, les Commissaires seront obligés de lui donner une heure dans la semaine, à leur choix, pour la visite de son Safran.

Ils marqueront sur les congés le prix fixé au Safran, & conserveront dans un registre la copie de chaque congé donné.

On accordera aux Commissaires une légere rétribution, d'un ou deux sols par livre pesant, pour leur papier & plomb ; mais sous quelque prétexte que ce soit, il ne faudra point mettre les Offices de Commissaires au Safran, en charge, ni à vie, parce qu'alors les abus deviendroient encore plus considérables qu'ils ne sont.

Les Commissaires seront en droit de faire jetter en leur présence, les Safrans qu'on leur aura présentés, & qui se trouveront falsifiés ou mouillés exprès ; ils en coucheront le procès-verbal sur leur registre.

Les Commiſſaires ne permettront point qu'on mêle le Safran de la Beauce avec celui du Gâtinois, à moins que le Commiſſionnaire ne prouve que ſon Commettant le demande.

Les Étrangers, pour leur ſûreté, pourront appeller à des jours & heures convenus, le Conſul de France, ou une perſonne commiſe de ſa part, à l'ouverture de leurs ballots de Safran venant du Royaume.

Si les plombs ſous l'emballage étoient rompus, ou que le Safran ſe trouvât d'une autre qualité que celle que l'on auroit demandé, le Conſul de France, ou ſon prépoſé, en dreſſeroit procès-verbal en préſence de deux témoins. Le coût du Safran avec tous les frais, tomberoient alors ſur le compte du Commiſſionnaire qui l'auroit envoyé. Le procès-verbal ſera toujours ſur le compte du François, le Conſul ou ſon prépoſé, ne pourra, ſous aucun prétexte, exiger la moindre rétribution de l'Étranger.

Mais ſi les plombs des ſacs ou caiſſes n'étoient point rompus, & que le Safran ſe trouvât falſifié ou mouillé, ſans que l'emballage l'eût été en route par quelque accident, tous les frais de route, de renvoi & du procès-verbal, tomberont alors fur les Commiſſaires au Safran, qui auront délivré le congé, & la perte de la marchandiſe fera pour le Commiſſionnaire.

Si les Étrangers ne voulant point appeller le Conful de France ou fon prépoſé, ouvrent les caiſſes ou ballots de Safran en fon abſcence, ils ne feront plus en droit de refuſer l'envoi de Safran qui leur aura été fait.

Je n'étends pas davantage ces dernieres idées, croyant en avoir aſſez dit, pour faire fentir la néceſſité d'une police & d'un réglement fur le Commerce du Safran.

$$F I N.$$

TABLE.

FIN DE LA TABLE.